essentials

Essentials liefern aktuelles Wissen in konzentrierter Form. Die Essenz dessen, worauf es als „State-of-the-Art" in der gegenwärtigen Fachdiskussion oder in der Praxis ankommt. Essentials informieren schnell, unkompliziert und verständlich

- als Einführung in ein aktuelles Thema aus Ihrem Fachgebiet
- als Einstieg in ein für Sie noch unbekanntes Themenfeld
- als Einblick, um zum Thema mitreden zu können

Die Bücher in elektronischer und gedruckter Form bringen das Expertenwissen von Springer-Fachautoren kompakt zur Darstellung. Sie sind besonders für die Nutzung als eBook auf Tablet-PCs, eBook-Readern und Smartphones geeignet.

Essentials: Wissensbausteine aus den Wirtschafts, Sozial- und Geisteswissenschaften, aus Technik und Naturwissenschaften sowie aus Medizin, Psychologie und Gesundheitsberufen. Von renommierten Autoren aller Springer-Verlagsmarken.

Florian G. Hartmann • Daniel Lois

Hypothesen Testen

Eine Einführung für
Bachelorstudierende
sozialwissenschaftlicher Fächer

Florian G. Hartmann
Universität der Bundeswehr München
Fakultät für Humanwissenschaften
Department für Bildungswissenschaft
Sozialwissenschaftliche Methodenlehre
Neubiberg
Deutschland

Prof. Dr. Daniel Lois
Universität der Bundeswehr München
Fakultät für Humanwissenschaften
Department für Bildungswissenschaft
Sozialwissenschaftliche Methodenlehre
Neubiberg
Deutschland

ISSN 2197-6708
essentials
ISBN 978-3-658-10460-3
DOI 10.1007/978-3-658-10461-0

ISSN 2197-6716 (electronic)

ISBN 978-3-658-10461-0 (eBook)

Die Deutsche Nationalbibliothek verzeichnet diese Publikation in der Deutschen Nationalbibliografie; detaillierte bibliografische Daten sind im Internet über http://dnb.d-nb.de abrufbar.

Springer Gabler
© Springer Fachmedien Wiesbaden 2015

Gedruckt auf säurefreiem und chlorfrei gebleichtem Papier

Springer Fachmedien Wiesbaden ist Teil der Fachverlagsgruppe Springer Science+Business Media
(www.springer.com)

Was Sie in diesem Essential finden können

- Anleitung zur Ableitung und Formulierung von Hypothesen.
- Anleitung zum Hypothesentesten.
- Erläuterung der Logik des statistischen Tests.
- Überblick über Hypothesentests.
- Verweise auf weiterführende Literatur.

Vorwort

Eine Hypothese ist eine Annahme über eine Grundgesamtheit. Eine Grundgesamtheit ist eine klar definierte Menge von Objekten (z. B. „alle Personen, die an einer staatlichen oder staatlich anerkannten Hochschule eingeschrieben sind" oder „alle Whiskeyflaschen mit einer Soll-Füllmenge von 700 ml"). Synonym zum Begriff „Grundgesamtheit" verwenden wir den Begriff „Population".

Wenn wir Hypothesen testen, wollen wir entscheiden, ob wir eine Hypothese beibehalten oder ablehnen. Hierfür unternehmen wir Untersuchungen, die aus folgenden Arbeitsschritten bestehen[1] (vgl. Bühner und Ziegler 2009; Diekmann 2012; Schnell et al. 2013):

1	Interesse
2	Forschungsfrage
3	Hypothesen
4	Forschungsdesign
5	Stichprobenziehung
6	Datenerhebung (Pretest)
7	Datenaufbereitung
8	Hypothesentest
9	Beantwortung der Forschungsfrage
10	Report

---

[1] Im Prinzip besteht eine hypothesenprüfende Untersuchung in dem Vergleich von empirischen Basissätzen mit aus der Hypothese abgeleiteten theoretischen Basissätzen (s. H-O-Schema z. B. bei Kromrey 2009, Kap. 2.4).

In einer Untersuchung folgt auf die Umsetzung der Arbeitsschritte 1–3 die Planung der Schritte 4–6 und darauf die Umsetzung der Schritte 4–10.[2]

In den folgenden Kapiteln erläutern wir die einzelnen Arbeitsschritte, wobei wir den Schwerpunkt auf wissenschaftstheoretische (Schritt 3, Kap. 3) und statistische Grundlagen (Schritt 8, Kap. 8) des Hypothesentestens legen. Zu den verbleibenden Schritten geben wir jeweils einen kurzen Einblick und gegebenenfalls Hinweise auf weiterführende Literatur.

Für Kommentare und Hinweise danken wir Prof. Dr. Christian Tarnai, Prof. Dr. Oliver Arránz Becker und Eric Günther. Christoph Sommer danken wir für die Anregungen zur Erstellung der Grafiken.

Florian G. Hartmann
Daniel Lois

---

[2] Ausführlich auf die Planung und den (häufig nicht-linearen) Ablauf einer Untersuchung geht Diekmann (2012, Kap. 5) ein.

Inhaltsverzeichnis

Interesse

Wissenschaftler und Studierende interessieren sich für manche Themengebiete besonders oder setzen sich im Rahmen eines Auftrags (der hoffentlich nicht im Widerspruch zu den eigenen Interessen steht) mit bestimmten Themen auseinander.

Sozialwissenschaftler bzw. Studierende sozialwissenschaftlicher Fächer können sich beispielsweise für die

Wahrnehmung von Attraktivität

interessieren.

© Springer Fachmedien Wiesbaden 2015
F. G. Hartmann, D. Lois, *Hypothesen Testen*, essentials,
DOI 10.1007/978-3-658-10461-0_1

Forschungsfrage

2

Vor der Umsetzung der Arbeitsschritte 4–10 ist festzulegen, was genau untersucht werden soll.[1]

Die Formulierung einer Forschungsfrage stellt eine erste Präzisierung unseres Forschungsvorhabens dar. Sie wirkt sich auf alle folgenden Arbeitsschritte aus, kann vor der Umsetzung der Arbeitsschritte 4–10 aber auch noch modifiziert werden. Am Ende unserer Untersuchung sollten wir in der Lage sein, unsere Forschungsfrage zu beantworten.

Forschungsfragen haben ihren Ursprung oft in kontrovers diskutierten bzw. ungeklärten Sachverhalten, in neuen Theorien, aber auch in älteren und noch nicht ausreichend überprüften Theorien (vgl. Diekmann 2012). Hier können wir eine erste Literaturrecherche durchführen (s. Kap. 3.2) und uns bei der Entdeckung einer Forschungsfrage von der Fachliteratur inspirieren lassen.

Wir sind in der Literatur auf den (nicht vollständig geklärten) Einfluss von Alkohol auf die Wahrnehmung von Attraktivität gestoßen und legen uns auf folgende, zunächst recht allgemein formulierte Forschungsfrage fest:

> Inwiefern wirkt sich Alkohol auf die Wahrnehmung von Attraktivität aus?

---

[1] Zur Problempräzisierung und Strukturierung des Forschungsgegenstandes bzw. zur Konzeptspezifikation s. Kromrey (2009, Kap. 3).

© Springer Fachmedien Wiesbaden 2015
F. G. Hartmann, D. Lois, *Hypothesen Testen*, essentials,
DOI 10.1007/978-3-658-10461-0_2

Hypothesen 3

Das Ergebnis dieses Arbeitsschrittes sollte (mindestens) eine zur Forschungsfrage passende Hypothese sein.

Zunächst klären wir, was wir unter dem Begriff „Hypothese" verstehen (Kap. 3.1). Im Anschluss erläutern wir, wie eine Hypothese abgeleitet (Kap. 3.2) und formuliert (Kap. 3.3) wird.

3.1 Definition des Begriffs Hypothese

Wir definieren den Begriff „Hypothese" als eine Annahme über eine Grundgesamtheit.

Zumeist bezieht sich die Annahme auf einen Zusammenhang zwischen (mindestens) zwei Variablen. Eine Variable ist ein Merkmal (z. B. Geschlecht), das bei Objekten (z. B. Personen) mindestens zwei mögliche Ausprägungen (z. B. männlich, weiblich, unbestimmt) aufweisen kann.

3.2 Ableiten von Hypothesen

Das Ziel dieses Arbeitsschrittes ist es, die wichtigsten Theorien eines Themengebietes zu durchdringen, diese mit den bisher stattgefundenen Studien abzugleichen und daraus sinnvolle Hypothesen abzuleiten.

Eine Hypothese kann aus bisherigen Theorien und Studien *oder* aus eigenen Theorien *oder* aus eigenen Intuitionen abgeleitet werden. Die eigenen Intuitionen stehen meist für sich allein und sind nicht eingebunden in ein komplexeres System mehrerer Annahmen. Es ist aber nicht das Ziel der Wissenschaft, einzelne für sich allein stehende Erkenntnisse zu sammeln. Eine eigene Theorie zu konstruieren

© Springer Fachmedien Wiesbaden 2015
F. G. Hartmann, D. Lois, *Hypothesen Testen*, essentials,
DOI 10.1007/978-3-658-10461-0_3

stellt ein relativ anspruchsvolles Vorhaben dar. Für den Anfang einer Forscherkarriere empfehlen wir die Ableitung von Hypothesen aus bisherigen Theorien und Studien, die wir in der wissenschaftlichen Literatur finden. Die Literatur existiert in Form von Monographien, Herausgeberwerken und Zeitschriftenartikeln. Monographien und Herausgeberwerke finden wir zumeist mit dem Online-Katalog einer Universitätsbibliothek. Zeitschriftenartikel finden wir mit Literaturdatenbanken (z. B. PsycINFO, Web of Science) des Datenbank-Infosystems (DBIS), die Zeitschriftenartikel als pdf erhalten wir über die Elektronische Zeitschriftenbibliothek des DBIS.

Sind wir neu in einem Forschungsgebiet, bietet es sich an, mit der Lektüre von Lehrbüchern und Überblickswerken, die üblicherweise in Form von Monographien oder Herausgeberwerken existieren, zu beginnen. Hier werden die zentralen Begriffe definiert, die zentralen Theorien dargestellt und ein Teil der bisher stattgefundenen Studien diskutiert. Im Anschluss können wir uns mit weiterführender Literatur auseinandersetzen. Hierzu gehört die Sichtung von Zeitschriftenartikel, in denen Forscher zumeist von ihren eigenen Untersuchungen berichten. Sie legen ihr methodisches Vorgehen offen, präsentieren Ergebnisse, geben Hinweise darauf, welche Fragen weiterhin ungeklärt sind und welche methodischen Mängel ihre Untersuchung aufweist. Der Autor eines guten Zeitschriftenartikels arbeitet zudem alle relevanten Theorien und alle bisher stattgefundenen Studien auf. Es empfiehlt sich deshalb, nach der Lektüre von Lehrbüchern bzw. Überblickswerken einen aktuellen und thematisch passenden Zeitschriftenartikel zu suchen und von dort aus weiter zu recherchieren. Im Idealfall sichten wir alle relevanten Theorien und bisher stattgefundenen Studien, werden zu Experten und sind in der Lage, sinnvolle Hypothesen abzuleiten.

Wie könnte das für unser Beispiel aussehen? Unser Thema betrifft die Wahrnehmung anderer Personen. Dafür eignen sich Lehrbücher und Überblickswerke aus dem Bereich der Sozialpsychologie. Mit diesem Vorwissen, dem Suchbegriff „Sozialpsychologie" und dem Online-Katalog unserer Universitätsbibliothek finden wir das Lehrbuch von Bierhoff und Frey (2011). Hier erfahren wir, dass das, was wir unter dem Begriff „wahrgenommene Attraktivität" verstehen, mit dem Begriff „interpersonale Attraktion" bezeichnet wird. Darüber hinaus wird eine Definition des Begriffs präsentiert, die nach den Wissenschaftlern Montoya und Horton (2004) am häufigsten verwendet wird. Nach dieser ist die interpersonale Attraktion eine *affektive Bewertung eines anderen Individuums*. Hinzu kommt nach Bierhoff und Frey (2011) eine *kognitive Bewertung*. Die Bewertung zeigt sich also in den Gefühlen und in den Gedanken der bewertenden Person. In dem Herausgeberwerk von Frey und Irle (2002) haben Hassebrauck und Küpper einen Artikel zu den Theorien interpersonaler Attraktion verfasst. Sie deuten an, dass das Konzept der interpersonalen Attraktion insgesamt nicht klar ausgearbeitet ist und dass es bisher keinen Konsens über die Verwendung des Begriffs gibt. Sie erweitern den Begriff der interpersonalen Attraktion um eine *behaviorale* (sprich Verhaltens-) Komponente. Keine der bisherigen Definitionen scheint auf einer ordentlichen Konzeptualisierung des Begriffs zu beruhen. Deshalb machen wir uns mit Hilfe der Literaturdatenbank PsycINFO des DBIS zunächst auf die Suche nach einer ordentlichen Konzeptualisierung der interpersonalen Attraktion und geben nur den Suchbegriff „interpersonal attraction" ein. Nach längerem Durchforsten der Suchergebnisse finden wir den Artikel von Montoya und Horton (2014). Sie befassen sich explizit mit dem Problem der uneinheitlichen Verwendung des Begriffs der interpersonalen Attraktion. Zunächst liefern sie eine gut durchdachte Definition, die für unsere Untersuchung zweckmäßig erscheint: „We define attraction as a person's immediate and positive affective and/or behavioral response to a specific individual, a response that is influenced by the person's cognitive assessments" (S. 60). Sie präsentieren mit ihrem zweidimensionalen Modell der interpersonalen Attraktion eine umfassende Konzeptualisierung, welche die bisherigen Theorien und Studienergebnisse der Attraktivitätsforschung berücksichtigt. Nach dem Modell besitzt eine Person bestimmte Ziele, wie zum Beispiel eine gute Note für eine Gruppenarbeit zu bekommen. Mit diesem Ziel vor Augen bewertet die Person nun andere Individuen auf zwei Dimensionen. Zum einen bewertet sie, inwiefern andere Individuen bereit sind, sie in der Verfolgung ihres Ziels zu unterstützen (*willingness*), zum anderen, inwiefern die Individuen fähig sind, sie bei der Verfolgung ihres Ziels zu unterstützen (*capability*). Das Ergebnis dieser Bewertung ist die interpersonale Attraktion in Form von Gefühlen (*affektive* Komponente) und/oder Verhalten (*behaviorale* Komponente) gegenüber den Individuen. Die *kognitive* Komponente ist also nicht Teil der interpersonalen Attraktion, sondern geht ihr als bewusste oder unbewusste Bewertung voraus (vgl. Bierhoff und Frey 2011; Hassebrauck und Küpper 2002). Schätzt beispielsweise Person A mit dem Ziel eine erfolgreiche Gruppenarbeit zu gestalten ein anderes Individuum B als vertrauenswürdig (willingness) und gleichzeitig als intelligent (capability) ein, so ist die interpersonale Attraktion von Person A gegenüber dem Individuum B hoch. Person A wird positive Gefühle gegenüber Individuum B empfinden und dieses unter Umständen zu einer Zusammenarbeit auffordern.[1]

Entsprechend unserer Forschungsfrage (Kap. 2) suchen wir nun nach Theorien, die sich mit der Wirkung von Alkohol auf die Wahrnehmung von Attraktivität

---

[1] Interpersonale Attraktion wird nicht als Merkmal des zu bewertenden Individuums definiert. Stattdessen ist sie ein Merkmal der bewertenden Person.

beschäftigen und geben die Suchbegriffe „alcohol" und „interpersonal attraction" gleichzeitig in PsycINFO ein. Zunächst wählen wir aus der Trefferliste Artikel mit inhaltlich passendem Titel und Abstract aus. Im Anschluss können wir die ausgewählten Artikel genauer sichten und in deren Literaturlisten weiter stöbern. Auf diesem Wege stoßen wir unter anderem auf den Artikel von Steele und Josephs (1990). Nach ihrer Alcohol-Myopia-Theorie beeinträchtigt Alkohol die Wahrnehmung und das Denken. Personen unter Alkoholeinfluss können weniger Hinweisreize verarbeiten als nüchterne Personen. Nur bestimmte Hinweisreize dringen dann noch durch, während andere, hemmende Reize unberücksichtigt bleiben. Wir verbinden diese Theorie mit dem Konzept von Montoya und Horton (2014): Wir gehen vor dem Hintergrund des zweidimensionalen Modells der interpersonalen Attraktion davon aus, dass hemmende Reize solche Reize sind, welche die capability und willingness des zu bewertenden Individuums niedrig und damit die Zielerreichung der bewertenden Person unwahrscheinlich erscheinen lassen. Wenn diese hemmenden Hinweisreize unter Alkoholeinfluss ausgeblendet werden, wird die Person nur noch hinsichtlich des Ziels positive Hinweisreize verarbeiten, damit die willingness und capability des Individuums hoch einstufen und schließlich eine hohe interpersonale Attraktion aufweisen. Wir nehmen also an, dass alkoholisierte Personen andere Individuen hinsichtlich ihrer Ziele positiver beurteilen als nüchterne Personen und dementsprechend eine höhere interpersonale Attraktion aufweisen.[2]

3.3 Formulierung von Hypothesen

Im Folgenden präzisieren wir den Begriff „Hypothese", bevor wir in Kap. 3.3.5 versuchen, eine Hypothese mit den Variablen „Alkohol" und „interpersonale Attraktion" zu formulieren.

3.3.1 Kriterien einer wissenschaftlichen Hypothese

In Kap. 3.1 haben wir den Begriff „Hypothese" definiert. Was kennzeichnet eine *wissenschaftliche* Hypothese?

---

[2] Wir können die theoretische Ableitung der Hypothese hier nur skizzieren. In einer „echten" Untersuchung müssten weitere Theorien, entsprechende Studien und die postulierte Kausalkette ausführlich diskutiert werden.

Wissenschaftliche Hypothesen sind *logisch widerspruchsfrei, falsifizierbar* und *empirisch überprüfbar* (vgl. die übersichtliche Darstellung von Atteslander 2010, der wiederum auf die ausführliche Darstellung von Opp 1976 und 1999 verweist). Unsere Hypothese sollte logisch widerspruchsfrei sein, das heißt, sie sollte Sinn ergeben und kein Widerspruch in sich sein. Die Begriffe unserer Hypothese sollten sich nicht gegenseitig ausschließen (Negativbeispiel: „Verheiratete Junggesellen haben eine höhere Lebenserwartung").

Des Weiteren sollte unsere Hypothese falsifizierbar sein. Nach Karl Popper (2005, Erstauflage 1935) können wir logisch nicht feststellen, dass eine Aussage wahr ist, sprich wir können nicht verifizieren. Wir können höchstens feststellen, dass sie falsch ist, sprich wir können höchstens falsifizieren.

Ein häufig angeführtes Beispiel zur Veranschaulichung dieser Überlegung: Stellen Sie sich vor, wir würden behaupten „Alle Schwäne sind weiß". Um diese Aussage zu verifizieren, müssten wir alle Schwäne der Welt untersuchen und feststellen, dass sie weiß sind. Doch bleibt auch dann die Möglichkeit, dass irgendwo ein Schwan existiert, den wir übersehen haben und der nicht weiß ist (oder dass wir in der Zukunft einen solchen Schwan finden). Finden wir allerdings einen einzigen Schwan, der beispielsweise schwarz ist, wie der Trauerschwan, haben wir die Aussage „Alle Schwäne sind weiß" falsifiziert.

Für unser Vorhaben bedeutet das, dass wir unsere Hypothesen nur durch Falsifikation überprüfen. Da wir gesichertes Wissen produzieren wollen, versuchen wir auch unsere eigenen Hypothesen mit aller Macht zu falsifizieren. Gelingt uns dies nicht, kann unsere Hypothese vorerst als bewährt betrachtet und beibehalten werden. Damit wir diese Überprüfung überhaupt durchführen können, muss unsere Hypothese prinzipiell falsifizierbar sein. Ein häufig genanntes Negativbeispiel lautet: „Kräht der Hahn auf dem Mist ändert sich's Wetter – oder es bleibt, wie es ist". Dieser Satz ist nicht widerlegbar – er trifft immer zu.

Die dritte Eigenschaft, die eine wissenschaftliche Hypothese besitzen sollte, ist die empirische Überprüfbarkeit. Das bedeutet, wir sollten in der Lage sein, unsere Hypothese mit den uns in der erfahrbaren Welt verfügbaren Mitteln zu überprüfen. Die Hypothese „Wenn Einhörner Alkohol trinken, dann ändert sich ihre Farbe" ist prinzipiell falsifizierbar, aber wir können sie nicht empirisch überprüfen, weil wir keine empirischen Daten sammeln können.

3.3.2 Abgrenzung zu anderen Sätzen

Wissenschaftliche Hypothesen gehören zu einer bestimmten Satzart und können von anderen abgegrenzt werden (vgl. Prim und Tilmann 2000).

Wissenschaftliche Hypothesen werden zu den *empirischen Sätzen* gezählt. Ihren Wahrheitsgehalt können wir mit Hilfe der erfahrbaren Welt überprüfen (s. Kap. 3.3.1).

Empirische Sätze sind abgrenzbar von *präskriptiven Sätzen*, die etwas vorschreiben und als Soll-Sätze formuliert werden können (z. B. „Wahrgenommene Attraktivität soll bei der Personalauswahl keine Rolle spielen"). Präskriptive Sätze sind Werturteile und können sich nicht als wahr oder falsch herausstellen. *Logische Sätze* haben ebenfalls keinen empirischen Gehalt. Sie treffen unabhängig von der erfahrbaren Welt zu oder nicht. Zum Beispiel wird der Satz des Pythagoras nicht empirisch überprüft, sondern mathematisch bewiesen.

Auch *Definitionen* stellen eine bestimmte Satzart dar. In der Regel arbeiten wir mit sogenannten *Nominaldefinitionen*. Mit ihnen legen wir fest, was wir unter einem Begriff verstehen, indem wir dem zu definierenden Begriff (dem *Definiendum*) andere Begriffe (das *Definiens*) zuordnen und Definiendum und Definiens gleichsetzen.

Zum Beispiel können wir die Bedeutung des Definiendums „Studentin" festlegen, indem wir es mit dem Definiens „weibliche Person, die an einer staatlichen oder staatlich anerkannten Hochschule eingeschrieben ist" gleichsetzen.

Da Nominaldefinitionen reine (sprachliche) Festlegungen sind, können sie nicht wahr oder falsch sein. Allerdings können sie angemessen oder unangemessen sein. Wir könnten den Begriff „Studentin" auch als „weibliche Person, die eine Ausbildung zur Bankkauffrau macht" definieren. Diese Nominaldefinition ist nicht falsch, aber für eine Untersuchung, die intersubjektiv überprüfbar sein soll, wenig zweckmäßig.

Das Definiens besteht seinerseits auch aus Begriffen, die streng genommen wieder definiert werden müssen. Das Definiens sollte deshalb aus allgemein verständlichen und relativ eindeutigen Begriffen bestehen.

3.3.3 Bestandteile einer Hypothese

Wir wollen nun die Frage klären, aus welchen Bestandteilen eine wissenschaftliche Hypothese besteht. Hierfür führen wir eine Unterscheidung von Begriffen ein.

Zunächst unterscheiden wir *logische* und *außerlogische* Begriffe.

Logische Begriffe bezeichnen keine realen Sachverhalte. Hierzu zählen zum Beispiel die Begriffe „und", „oder", „größer", „kleiner", „wenn", „dann", „je", „desto". Sie dienen der Verknüpfung von außerlogischen Begriffen, die einen Bezug zu realen Sachverhalten haben.

Bei den außerlogischen Begriffen differenzieren wir zwischen *präskriptiven* Begriffen, die eine Wertung beinhalten (z. B. Schande), und *deskriptiven* Begriffen, die eher wertfrei sind und die sich auf beobachtbare Sachverhalte beziehen. Bei deskriptiven Begriffen differenzieren wir zwischen *deskriptiven Begriffen mit direktem empirischen Bezug* und *deskriptiven Begriffen mit indirektem empirischen Bezug.*

Deskriptive Begriffe mit direktem empirischen Bezug (auch Beobachtungsbegriffe) beziehen sich auf Sachverhalte, die in der erfahrbaren Welt direkt beobachtet werden können (z. B. akut konsumierte Menge an Trinkalkohol, Gesichtsfalten).

Deskriptive Begriffe mit indirektem empirischen Bezug (auch theoretische Begriffe oder Konstrukte) beziehen sich auf Phänomene, die nicht direkt beobachtet werden können (z. B. interpersonale Attraktion, Stress). Es lassen sich aber direkt beobachtbare Indikatoren (z. B. erhöhter Puls, Schlaflosigkeit) für sie finden, die anzeigen, dass die Begriffe mit ihrem Vorstellungsinhalt einen Bezug zur Realität aufweisen (Kromrey 2009).

Abstrakt formuliert setzt sich eine Hypothese aus folgenden Bestandteilen zusammen (vgl. Schnell et al. 2013):

a) aus *mindestens zwei deskriptiven Begriffen mit direktem oder indirektem empirischen Bezug.* Die Begriffe einer Hypothese müssen präzise *definiert*[3] (s. Kap. 3.3.2) und *operationalisiert* (s. u. und Kap. 6) werden.
   In der Regel handelt es sich bei den deskriptiven Begriffen um Variablen. Man spricht dann, je nachdem ob der empirische Bezug der Variablen direkt oder indirekt ist, von manifesten oder latenten Variablen.

b) aus *logischen Begriffen*, welche die deskriptiven Begriffe miteinander verbinden, wobei die Verbindung in einer „wenn-dann"- oder „je-desto"-Beziehung besteht.

c) aus *einer Angabe zum Geltungsbereich*:
   Nach Opp (2014) ist eine Hypothese der Definition nach eine Allaussage. Allaussagen gelten unabhängig von Raum und Zeit. Im Idealfall wird der Geltungsbereich nicht eingeschränkt.
   Müssen wir ihn einschränken, geben wir an, für welchen Raum und welche Zeit die Aussage Gültigkeit beansprucht.

d) aus *einer Angabe zum Objektbereich*:
   Wir geben an, auf welche Objekte sich die Aussage bezieht.

Für unser Beispiel bedeutet das:

---

[3] Bei einer hypothesenprüfenden Untersuchung geht der Definition eines Begriffs idealerweise eine semantische Analyse voraus (s. Kromrey 2009, Kap. 3).

a) In unserer Untersuchung sind die beiden *deskriptiven Begriffe* „Alkohol" und „interpersonale Attraktion". Alkohol im Sinne einer akut konsumierten Menge kann bei Personen mindestens zwei mögliche Ausprägungen aufweisen und in der Realität direkt beobachtet werden – es handelt sich um eine *manifeste Variable*. Die interpersonale Attraktion kann ebenfalls mindestens zwei mögliche Ausprägungen aufweisen (z. B. niedrig, hoch). Die Variable hat höchstens einen indirekten empirischen Bezug. Wir können nicht direkt beobachten, wie Personen andere Individuen wahrnehmen und bewerten und wie das Resultat der Bewertung aussieht. Wir können höchstens Indikatoren dafür finden. Es handelt sich um eine *latente Variable*.

In einer wissenschaftlichen Untersuchung sollten Begriffe präzise *definiert* werden. Im Idealfall gibt es im Rahmen einer Theorie eine gelungene Definition, die für unser Forschungsvorhaben zweckmäßig ist.

In Kap. 3.2 haben wir uns auf eine Definition des Begriffs der interpersonalen Attraktion festgelegt. Wir wollen auch klären, was wir unter *Alkohol* genau verstehen. Wir verstehen darunter eine akut konsumierte Trinkalkoholmenge. Um Eindeutigkeit zu schaffen und den Vorstellungsinhalt unseres Begriffs beispielsweise von dauerhaftem Alkoholkonsum abzugrenzen, führen wir das Definiendum „Ethanolquantum" ein und weisen ihm das Definiens „akut konsumierte Trinkalkoholmenge" zu.

Um unsere Hypothese mit Hilfe der erfahrbaren Welt überprüfen zu können, müssen wir unsere Begriffe *operationalisieren*. Der Begriff „Operationalisierung" wird definiert als die „Angabe derjenigen Vorgehensweisen, derjenigen Forschungsoperationen [...], mit deren Hilfe entscheidbar wird, ob und in welchem Ausmaß der mit dem Begriff bezeichnete Sachverhalt in der Realität vorliegt" (Kromrey 2009, S. 173). Die Frage ist also, was wir unternehmen müssen, um zu erfahren, welche Ausprägungen die Elemente unserer Stichprobe in den interessierenden Variablen aufweisen.

Die Antwort auf diese Frage ist für Begriffe mit direktem empirischen Bezug einfacher. Sofern wir wissen, wie hoch der Ethanolanteil einer konsumierten Flüssigkeit ist, reicht uns die Kenntnis der konsumierten Flüssigkeitsmenge, um das Ethanolquantum einer Person zu bestimmen. Die konsumierte Flüssigkeitsmenge können wir zum Beispiel beobachten oder in unserer Untersuchung regulieren.

Für Begriffe mit indirektem empirischen Bezug ist die Operationalisierung schwieriger. Sie beinhaltet die Bestimmung von Indikatoren, die Hinweise darauf geben, welche Ausprägung ein Objekt in dem interessierenden Konstrukt aufweist. Indikatoren für die affektive Komponente der interpersonalen Attraktion könnten beispielsweise die physiologischen Reaktionen einer Person auf ein Individuum oder ihre Antworten auf Fragen zu ihrer emotionalen Reaktion gegenüber dem Individuum sein.

b) Wie bereits erwähnt, sollten die *logischen Begriffe* einer Hypothese inhaltlich eine „wenn-dann"- oder „je-desto"-Beziehung zwischen den deskriptiven Begriffen herstellen. Die genaue Formulierung richtet sich nach der Art der Hypothese (s. Kap. 3.3.4).

c) keine Einschränkung.

d) Theoretisch wäre für unser Vorhaben die gesamte Weltbevölkerung von Interesse. Aus ressourcentechnischen Gründen grenzen wir den *Objektbereich* ein und konzentrieren uns auf Personen, die in der Bundesrepublik Deutschland (BRD) studieren. Wir führen den Begriff „Studierende der BRD" ein und definieren ihn wie folgt: „Personen, die zum Zeitpunkt der Befragung an einer der staatlichen oder staatlich anerkannten Hochschulen in der BRD eingeschrieben sind" (s. Kap. 5).

Vergleichen wir alkoholisierte mit nüchternen Studierenden (s. Kap. 3.3.5), arbeiten wir mit zwei Grundgesamtheiten.

3.3.4 Arten von Hypothesen

Einen ausführlichen Überblick über verschiedene Arten von Hypothesen gibt Diekmann (2012). Wir beschränken uns im Folgenden auf *probabilistische Wenn-dann-Hypothesen mit einer Äquivalenzbeziehung* und *probabilistische Je-desto-Hypothesen, bei denen ein linearer Zusammenhang zwischen zwei Variablen angenommen wird.*

Im Falle *deterministischer* Hypothesen behaupten wir, dass unter bestimmten Bedingungen ein Ereignis mit Sicherheit eintritt. Nehmen wir zum Beispiel einen deterministischen Zusammenhang zwischen Rauchen und Lungenkrebs an, gehen wir davon aus, dass eine Person unter der Bedingung, dass sie raucht, mit einer Wahrscheinlichkeit von 1 an Lungenkrebs erkrankt, das heißt mit absoluter Sicherheit. Nehmen wir einen *probabilistischen* Zusammenhang an, behaupten wir, dass eine Person unter der Bedingung, dass sie raucht, nur mit einer bestimmen Wahrscheinlichkeit (< 1) an Lungenkrebs erkrankt. Wir schließen damit nicht aus, dass es auch Raucher gibt, die nicht an Lungenkrebs erkranken.

Wenn Hypothesen in den Sozialwissenschaften deterministisch formuliert sind, sind sie in der Regel probabilistisch zu verstehen.

Wir formulieren eine *Wenn-dann-Hypothese*, wenn es sich bei den deskriptiven Begriffen unserer Hypothese um zwei dichotome Variablen handelt; Merkmalen, die jeweils nur zwei Werte aufweisen können (Diekmann 2012). Als logische Begriffe verwenden wir „wenn" und „dann". Für die Merkmale Autobesitz (ja/nein) und Nutzung von Taxis (ja/nein) könnte das folgendermaßen lauten: „Wenn eine Person ein Auto besitzt, dann nutzt sie keine Taxis".

Wenn-dann-Hypothesen können unterschieden werden in *Hypothesen mit einer Implikationsbeziehung* und *Hypothesen mit einer Äquivalenzbeziehung*. Bei Hypothesen mit einer Implikationsbeziehung wird erwartet, dass bei einer bestimmten Ausprägung der Variable A nur eine der beiden Ausprägungen der Variable B auftritt: „Wenn eine Person ein Auto besitzt, dann nutzt sie keine Taxis". Bei der anderen Ausprägung der Variable A können aber beide Ausprägungen der Variable B auftreten: „Wenn eine Person kein Auto besitzt, dann nutzt sie Taxis oder sie nutzt keine Taxis".

Bei Hypothesen mit einer Äquivalenzbeziehung wird bei beiden Ausprägungen der Variable A jeweils nur eine Ausprägung der Variable B erwartet. Zum Beispiel wird angenommen, dass die Ausprägung „Autobesitz – ja" nur mit der Ausprägung „Nutzung von Taxis – nein" und die Ausprägung „Autobesitz – nein" nur mit der Ausprägung „Nutzung von Taxis – ja" auftritt.

In der Regel haben Wenn-dann-Hypothesen in den Sozialwissenschaften implizit den Charakter einer probabilistischen Hypothese mit einer Äquivalenzbeziehung.

Auch wenn *Je-desto-Hypothesen* deterministisch formuliert sind, sind sie in der Regel probabilistisch zu verstehen. Eine Voraussetzung für die Formulierung einer Je-desto-Hypothese ist, dass die beiden Variablen der Hypothese mindestens Ordinalskalenniveau aufweisen, das heißt, ihre Ausprägungen sollten sinnvoll in eine Rangreihenfolge gebracht werden können (z. B. Schulnoten). Die Je-desto-Hypothesen können einen *negativen* oder einen *positiven* Zusammenhang beschreiben.

Bei einem positiven Zusammenhang steigt (bzw. sinkt) die eine Variable, wenn die andere Variable steigt (bzw. sinkt): „Je größer das Ethanolquantum, desto größer ist die Reaktionszeit".

Bei einem negativen Zusammenhang sinkt (bzw. steigt) die eine Variable, wenn die andere Variable steigt (bzw. sinkt): „Je größer das Ethanolquantum, desto kleiner ist das Blickfeld".

Sind beide Variablen mindestens intervallskaliert, wird häufig ein linearer Zusammenhang angenommen. Dabei lässt sich die eine Variable als Funktion der anderen Variablen ausdrücken, wobei der Graph dieser Funktion eine Gerade beschreibt. Wichtiges Charakteristikum einer Gerade ist ihre konstante Steigung. Dann gehen wir davon aus, dass sich das Blickfeld pro Einheit Ethanolquantum (z. B. pro ml) immer um denselben Betrag reduziert.[4]

Je-desto-Hypothesen sind *gerichtet* formuliert. Das bedeutet, wir geben an, ob wir einen positiven oder negativen Zusammenhang erwarten. Manchmal können wir dies aber theoretisch nicht ableiten. Eventuell ist dann mehr theoretische Denk-

---

[4] Die Funktion muss nicht zwangsläufig eine Gerade beschreiben; denkbar sind z. B. auch Exponentialfunktionen, Logarithmusfunktionen, quadratische Funktionen oder kubische Funktionen.

arbeit nötig. Eine Alternative ist die Formulierung einer *ungerichteten* Hypothese.
Das ungerichtete Pendant zur zuletzt formulierten Hypothese lautet: „Es besteht
ein Zusammenhang zwischen dem Ethanolquantum und der Größe des Blickfeldes".

Sofern es theoretische Überlegungen zulassen, sollten wir eine Hypothese gerichtet formulieren, da sie gerichtet mehr Informationsgehalt besitzt als ungerichtet. Weitere Möglichkeiten den Informationsgehalt einer Hypothese zu variieren,
werden ausführlich bei Prim und Tilmann (2000, S. 64 ff.) besprochen.

Bisher haben wir nur von *Zusammenhangshypothesen* gesprochen. Es gibt auch
den Begriff der *Unterschiedshypothese*. Zwischen den Begriffen besteht im Prinzip kein Unterschied. Wenn wir annehmen, dass zwischen den Variablen A und B
ein *Zusammenhang* besteht, sollten sich Personen mit unterschiedlicher Ausprägung auf Variable A (tendenziell) auch in Variable B unterscheiden.

Unterschiedshypothesen werden formuliert und getestet, wenn Gruppen von
Personen miteinander verglichen werden. Nehmen wir zum Beispiel einen linear negativen Zusammenhang zwischen dem Ethanolquantum und der Fähigkeit,
Entfernungen richtig einzuschätzen, an, sollten nüchterne Personen Entfernungen
besser einschätzen als alkoholisierte Personen. Wir könnten dann eine gerichtete
Unterschiedshypothese formulieren: „Nüchterne Personen können Entfernungen
besser einschätzen als alkoholisierte Personen".

3.3.5   Jetzt ganz konkret

Wir nehmen an, dass Alkoholkonsum mit einer höheren interpersonalen Attraktion
einhergeht (Kap. 3.2). Wie könnte eine Hypothese mit den Variablen „Ethanolquantum" und „interpersonale Attraktion" nun formuliert werden?
Wir bestimmen die Bestandteile unserer Hypothese.

a) Deskriptive Begriffe:
   „Ethanolquantum" und „interpersonale Attraktion".
b) Logische Begriffe:
   Wir gehen davon aus, dass die interpersonale Attraktion mit steigendem Ethanolquantum zunimmt – wir formulieren eine gerichtete Hypothese, die einen
   positiven Zusammenhang beschreibt. Da die beiden deskriptiven Begriffe bei
   entsprechender Operationalisierung[5] als mindestens intervallskalierte Variablen

---

[5] Das Ethanolquantum könnten wir bestimmen, indem wir beobachten, wie viel alkoholische
Getränke (mit bekanntem Trinkalkoholgehalt) eine Person zu sich nimmt; interpersonale
Attraktion könnten wir mit Indikatoren im Sinne von mehrstufigen Antwortskalen operationalisieren.

betrachten werden können, formulieren wir eine Je-desto-Hypothese. Der Einfachheit halber nehmen wir an, dass der Zusammenhang linear ist.

c) Geltungsbereich:
   keine Einschränkung.
d) Objektbereich:
   Studierende der BRD.

Unser Formulierungsversuch:

> Je größer das Ethanolquantum von Studierenden der BRD, desto höher ist ihre interpersonale Attraktion.

Ist unsere Hypothese eine wissenschaftliche Hypothese (s. Kap. 3.3.1)? Die Hypothese beinhaltet keinen Widerspruch (*logisch widerspruchsfrei*), ist widerlegt, wenn kein oder ein negativer Zusammenhang zwischen den Variablen festgestellt wird (*falsifizierbar*), und kann mit Daten aus der erfahrbaren Welt überprüft werden (*empirisch überprüfbar*).

Wir können unsere Annahme über einen linear positiven Zusammenhang zwischen den Variablen auch in Form einer Unterschiedshypothese formulieren:

> Die interpersonale Attraktion von alkoholisierten Studierenden der BRD ist höher als die interpersonale Attraktion von nüchternen Studierenden der BRD.

Diese Unterschiedshypothese werden wir in Kap. 8.4 testen.[6]

---

[6] Weitere Hypothesen sind formulierbar, wenn wir davon ausgehen, dass sich Alkohol deshalb auf die interpersonale Attraktion auswirkt, weil er die vorangehenden kognitiven Bewertungen einer studierenden Person beeinflusst. Die Untersuchung würde dann auf eine Mediation hinauslaufen (zur Mediation siehe z. B. Bühner und Ziegler 2009).

Forschungsdesign 4

Bei der Wahl des Forschungsdesigns ist zu entscheiden, ob man Daten zu einem oder zu mehreren Zeitpunkten erhebt, dabei dieselben oder verschiedene Personengruppen berücksichtigt und ob Personen zufällig oder aufgrund bestimmter Merkmalsausprägungen in Gruppen eingeteilt werden. Diese und weitere Entscheidungen beeinflussen ganz erheblich die Sicherheit der Aussagen einer Untersuchung.

Überblickartige Darstellungen zu Designaspekten finden sich bei Diekmann (2012, Kap. 7 und 8), Kromrey (2009, Kap. 2) oder Schnell et al. (2013, Kap. 5).

© Springer Fachmedien Wiesbaden 2015
F. G. Hartmann, D. Lois, *Hypothesen Testen,* essentials,
DOI 10.1007/978-3-658-10461-0_4

Stichprobenziehung

5

Wissenschaftliche Hypothesen sind überprüfbare Annahmen über eine *Grundgesamtheit*. Wir überprüfen solche Annahmen, indem wir die Elemente unserer Grundgesamtheit untersuchen. Zumeist ist die Anzahl der Elemente einer Grundgesamtheit zu groß, als dass wir in der Lage wären, alle Elemente zu untersuchen. Deshalb ziehen wir eine *Stichprobe* und untersuchen nur eine Teilmenge der Grundgesamtheit.

Professionelle Stichproben zeichnen sich in der Regel dadurch aus, dass zunächst eine Grundgesamtheit exakt definiert wird (z. B. „alle Personen, die zum Zeitpunkt der Befragung an einer der staatlichen oder staatlich anerkannten Hochschulen in der BRD eingeschrieben sind"), eine Liste der Elemente der Grundgesamtheit erstellt wird (z. B. eine Liste mit Matrikelnummern in zufälliger Anordnung) und eine Auswahl der zu untersuchenden Elemente im Rahmen eines exakt definierten und reproduzierbaren Auswahlverfahrens stattfindet (z. B. Auswahl jeder dritten Matrikelnummer).

Bei *Zufallsstichproben* beruht die Auswahl der Elemente auf dem Zufall. Sie sind dadurch definiert, dass alle Elemente der Population eine benennbare und von null verschiedene Wahrscheinlichkeit haben, ausgewählt zu werden. Streng genommen ist nur bei Zufallsstichproben gesichert, dass unser Hypothesentest zu sinnvoll interpretierbaren Ergebnissen führt.

Ein Überblick zu Auswahlverfahren findet sich bei Diekmann (2012, Kap. 9), Kromrey (2009, Kap. 6) oder Schnell et al. (2013, Kap. 6).

Mit der Bestimmung der optimalen Stichprobengröße beschäftigen sich Bühner und Ziegler (2009, Kap. 4.5).

© Springer Fachmedien Wiesbaden 2015
F. G. Hartmann, D. Lois, *Hypothesen Testen*, essentials,
DOI 10.1007/978-3-658-10461-0_5

Datenerhebung (Pretest)

6

Haben wir eine Stichprobe gezogen, benötigen wir Daten, die uns verraten, welche Ausprägungen die Elemente der Stichprobe in den interessierenden Variablen (bzw. Indikatoren) aufweisen.

Die Erhebung dieser Daten setzt die *Operationalisierung* der Variablen voraus (s. auch Kap. 3.3.3). Die Operationalisierung beinhaltet unter anderem die Zuordnung von *Indikatoren* zu Konstrukten, die Auswahl einer *Erhebungsmethode* und die Konstruktion bzw. Auswahl eines validen *Erhebungsinstruments* (auch Messinstrument).

Können wir nicht (1:1) auf bereits erprobte Messinstrumente zurückgreifen, konstruieren wir ein neues Messinstrument. Dieses unterziehen wir vor der Hauptuntersuchung einem *Pretest* und prüfen, ob es valide misst.

Zu den gängigsten Erhebungsmethoden zählen die *Befragung* und die *Beobachtung* von Personen (bzw. Objekten) sowie die *Inhaltsanalyse*, bei der wir Texte, Bilder oder Filme untersuchen.

Einen ausführlichen Überblick über Datenerhebungsmethoden geben Diekmann (2012, Kap. 10–13) und Schnell et al. (2013, Kap. 7). Bühner (2011) gibt eine Einführung in die Test- und Fragebogenkonstruktion. Kromrey (2009, Kap. 4) bespricht ausführlich, welche Schritte bei der Operationalisierung umzusetzen sind.

© Springer Fachmedien Wiesbaden 2015
F. G. Hartmann, D. Lois, *Hypothesen Testen*, essentials,
DOI 10.1007/978-3-658-10461-0_6

Datenaufbereitung 7

Die erhobenen Daten werden in ein Statistikprogramm übertragen. Drei der gängigsten Statistikprogramme in den Sozialwissenschaften sind die kostenpflichtigen Programme *SPSS* und *STATA* sowie das kostenfreie *R*. Mit den Programmen lassen sich Daten aufbereiten, Deskriptivstatistiken berechnen und inferenzstatistische Verfahren (s. Kap. 8) anwenden.

Als Begleitlektüre eignen sich für *SPSS* die Werke von Zöfel (2005), Fromm (2012) und Akremi et al. (2011). Für *STATA* empfehlen wir zur Einführung Kohler und Kreuter (2012). Für *R* empfehlen wir das Buch von Alexandrowicz (2013).

Leider existiert bisher kein ausführliches Standardwerk zur Datenaufbereitung, auch wenn Akremi et al. (2011), Kohler und Kreuter (2012) sowie Alexandrowicz (2013) hierzu relativ umfangreiche Darstellungen bieten.

© Springer Fachmedien Wiesbaden 2015
F. G. Hartmann, D. Lois, *Hypothesen Testen*, essentials,
DOI 10.1007/978-3-658-10461-0_7

Hypothesentest

8

Das Ziel der Inferenzstatistik (auch schließende Statistik) besteht darin, etwas über eine Population (Grundgesamtheit) zu lernen, unter der Voraussetzung, dass eine Zufallsstichprobe aus dieser Population zur Verfügung steht. Was wir über eine Population lernen können, kann in drei Kategorien eingeteilt werden: *Punktschätzungen, Intervallschätzungen* und *Hypothesentests.*

Wenn wir den Kennwert einer Population, auch Parameter genannt (z. B. Populationsmittelwert), mit einem einzelnen Stichprobenkennwert (Wert, der die Verteilung eines Merkmals in der Stichprobe beschreibt, z. B. Stichprobenmittelwert) schätzen, führen wir eine Punktschätzung durch. Sind wir beispielsweise an der durchschnittlichen Körpergröße einer Population interessiert, können wir eine Zufallsstichprobe ziehen und zur Schätzung des Parameters die durchschnittliche Körpergröße in der Stichprobe berechnen. Sie könnte 171.45 cm betragen.

Bei einer Intervallschätzung, geben wir nicht nur einen einzelnen Wert an, sondern ein Intervall, das den gesuchten Parameter mit einer bestimmten Wahrscheinlichkeit enthält. Beispielsweise könnte das Ergebnis unserer Berechnungen mit Stichprobenkennwerten sein: Das Intervall zwischen 170.37 cm und 172.53 cm enthält den Wert der gesuchten durchschnittlichen Körpergröße der Population mit einer Wahrscheinlichkeit von 0.99 (99 %).

Die dritte Kategorie, der Hypothesentest (auch statistischer Test oder Signifikanztest), steht im Folgenden im Mittelpunkt. Ein Hypothesentest ist ein Verfahren der Inferenzstatistik, mit dem eine Annahme über eine Grundgesamtheit überprüft werden kann. Es existiert eine Vielzahl unterschiedlicher Hypothesentests. Welcher Test in einer konkreten Situation geeignet ist, hängt unter anderem von der interessierenden Fragestellung ab (s. Kap. 8.6). Allerdings kann jeder Hypothesentest im Prinzip gleich – gemäß dem Sieben-Punkte-Schema (s. Kap. 8.3) – durchgeführt werden.

© Springer Fachmedien Wiesbaden 2015
F. G. Hartmann, D. Lois, *Hypothesen Testen*, essentials,
DOI 10.1007/978-3-658-10461-0_8

Wir werden zwei (bzw. drei) verschiedene inferenzstatistische Tests explizit einführen und dabei grundlegende Begrifflichkeiten sowie die Logik des Signifikanztests erläutern.

Wir beginnen mit dem *einfachen t-Test*. Die Testsituation ist hier eine etwas andere als die in Kap. 3 beschriebene. Es geht um die Frage, ob ein Populationsmittelwert von einem hypothetischen Populationsmittelwert abweicht oder nicht.

8.1 Null- und Alternativhypothese

Die folgenden Abschnitte werden wir an Hand eines Beispiels erklären: In der unieigenen Destillerie wird Whiskey in Flaschen abgefüllt. Jede Flasche sollte mit 700 ml Whiskey befüllt werden. Dafür steht eine Flaschenabfüllanlage zur Verfügung, die mehr oder weniger genau arbeitet: Die tatsächliche Füllmenge der Flaschen weicht mal positiv, mal negativ vom Soll-Wert ab. Das ist nicht weiter schlimm, solange die Anlage mit dem richtigen Soll-Wert arbeitet und im Durchschnitt die Flaschen mit 700 ml Whiskey befüllt. Nachdem die Anlage aber schon über einen längeren Zeitraum in Betrieb ist, sind wir uns nicht mehr sicher, ob sie tatsächlich mit dem eingestellten Soll-Wert arbeitet. Das wollen wir überprüfen. Dafür schätzen wir den Populationsmittelwert (die tatsächliche durchschnittliche Füllmenge) mit einem Stichprobenkennwert, dem Stichprobenmittelwert. Wir ziehen 31 befüllte Flaschen zufällig aus der Grundgesamtheit und berechnen die durchschnittliche Füllmenge in der Stichprobe. Sie beträgt (ohne Nachkommastellen) 695 ml (vgl. Rüger 1991).

Die Frage ist nun – und das ist die Frage des einfachen t-Tests –, ob der tatsächliche und gleichzeitig unbekannte Mittelwert der Population, aus der wir unsere Stichprobe gezogen haben, von dem hypothetischen Mittelwert (700 ml) abweicht oder nicht.

Hierzu formulieren wir zwei Hypothesen. Die *Nullhypothese* und die *Alternativhypothese*. Die Nullhypothese lautet in unserem Beispiel, dass der Mittelwert der Population, aus der unsere Stichprobe stammt, mit dem hypothetischen Mittelwert (700 ml) identisch ist. Sie sagt aus, dass der Stichprobenmittelwert (695 ml), der ja niedriger liegt als der hypothetische Wert, nur zufällig von diesem abweicht. Wir überführen diese Nullhypothese in eine *statistische Nullhypothese* und bezeichnen sie mit H_0:

$$H_0 : \mu = \mu_0$$

μ bezeichnet dabei den Populationsmittelwert, den wir mit unserem Stichprobenmittelwert schätzen, μ_0 bezeichnet den hypothetischen Populationsmittelwert.

Tab. 8.1 Alternativhypothesen für gerichtete und ungerichtete Hypothesen bei einem 1-Stichproben t-Test

Alternativhypothese	Bezeichnung
$H_1: \mu \neq \mu_0$	Ungerichtete (zweiseitige) Hypothese
$H_1: \mu < \mu_0$	Gerichtete (einseitige) Hypothesen
$H_1: \mu > \mu_0$	

Die Nullhypothese (H_0) spielt eine ähnliche Rolle wie ein Angeklagter vor Gericht. Solange die Schuld nicht bewiesen ist, gilt die Unschuldsvermutung. Anders ausgedrückt: Solange die Daten nicht stark gegen die Nullhypothese sprechen, behalten wir sie bei. Eine Nullhypothese postuliert immer, dass kein Unterschied bzw. kein Zusammenhang in der Grundgesamtheit besteht.

Beim Hypothesentesten gehört zu jeder Nullhypothese mindestens eine Alternativhypothese (H_1). Im Beispiel lautet eine mögliche Alternativhypothese, dass der Mittelwert der Population, aus der unsere Stichprobe stammt, *nicht* mit dem hypothetischen Mittelwert (700 ml) identisch ist und der Stichprobenmittelwert überzufällig (signifikant) vom hypothetischen Populationsmittelwert abweicht. Wir überführen die Alternativhypothese in eine *statistische Alternativhypothese* und bezeichnen sie mit H_1:

$$H_1 : \mu \neq \mu_0$$

Es handelt sich hier um eine ungerichtete Alternativhypothese, die nur eine von mehreren Möglichkeiten darstellt. Wir könnten im Rahmen der Alternativhypothese auch erwarten, dass der unbekannte Populationsmittelwert höher oder niedriger ist als der hypothetische Populationsmittelwert. Tabelle 8.1 zeigt eine Übersicht über drei Optionen.

Die Entscheidung für eine gerichtete oder eine ungerichtete Alternativhypothese muss theoretisch begründet werden. Ungerichtete Alternativhypothesen sind immer dann angemessen, wenn die Theorie zu „schwach" ist, um die Richtung eines Zusammenhangs oder Unterschieds festzulegen. Einseitige Alternativhypothesen sind entsprechend adäquat, wenn man gute theoretische Gründe dafür hat, sich für eine Richtung zu entscheiden.

Um zu dem Schluss zu kommen, dass H_0 falsch und H_1 wahr ist, benötigen wir starke empirische Evidenz gegen H_0. Ob unser Stichprobenergebnis (695 ml $\neq$ 700 ml) bereits als starke Evidenz gegen H_0 gelten kann, hängt von der Definition von „stark" ab.

8.2 Alpha- und Beta-Fehler

Im Rahmen eines Hypothesentests können wir zwei Arten von Fehlern machen. Erstens können wir eine Nullhypothese zurückweisen, die tatsächlich wahr ist. Dies wird als Fehler 1. Art oder *Alpha-Fehler* bezeichnet. Im Beispiel besteht der Alpha-Fehler darin, die Nullhypothese abzulehnen, obwohl unsere Stichprobe aus einer Population mit dem Mittelwert 700 ml stammt. Zweitens besteht die Möglichkeit, einen *Beta-Fehler* (Fehler 2. Art) zu begehen, sprich eine Nullhypothese beizubehalten, die tatsächlich falsch ist. Das heißt ein tatsächlich in der Grundgesamtheit bestehender Effekt wird nicht detektiert. Im Beispiel machen wir einen Beta-Fehler, wenn wir die Nullhypothese beibehalten, obwohl unsere Stichprobe *nicht* aus einer Population mit dem Mittelwert 700 ml stammt. Tabelle 8.2 zeigt eine Übersicht zu den Fehlerarten (vgl. Schäfer 2011, S. 66):

Nachdem wir uns entschieden haben, eine Nullhypothese beizubehalten oder abzulehnen, können wir uns bzgl. dieser Entscheidung niemals ganz sicher sein, da wir unsere Entscheidung auf Stichprobendaten stützen, die Zufallsschwankungen unterliegen. Es besteht jedoch die Möglichkeit, die Wahrscheinlichkeit eines Alpha- oder Beta-Fehlers zu bestimmen. Ein Ziel des Hypothesentests besteht häufig in der Minimierung der Wahrscheinlichkeit eines Alpha-Fehlers. Wir definieren dazu das Signifikanzniveau eines Tests (abgekürzt mit α) als die Wahrscheinlichkeit, einen Alpha-Fehler zu begehen:

$\alpha = P(\text{Zurückweisung } H_0 \mid H_0)$

Dieser Ausdruck wird gelesen als „Wahrscheinlichkeit, die Nullhypothese zurückzuweisen, unter der Bedingung, dass die Nullhypothese wahr ist". Das Signifikanzniveau eines Tests wird vorab festgelegt. Hier haben sich in der Statistik einige Konventionen entwickelt (s. Tab. 8.3)[1]. Häufig wird das Signifikanzniveau auf 5 % gesetzt ($\alpha = 0.05$). Das bedeutet, dass wir uns *unter der Bedingung „H_0 ist wahr"* mit einer Wahrscheinlichkeit von 0.05 (5 %) für die Alternativhypothese

Tab. 8.2 Fehlerarten bei der Entscheidung für oder gegen die Nullhypothese

		Entscheidung aufgrund der Stichprobe	
		Entscheidung für H_0	Entscheidung für H_1
Verhältnisse in der Population (unbekannt)	In der Population gilt H_0	Korrekte Entscheidung	Alpha-Fehler (Fehler 1. Art)
	In der Population gilt H_1	Beta-Fehler (Fehler 2. Art)	Korrekte Entscheidung

---

[1] Bezeichnungen wie „hochsignifikant" dürfen allerdings nicht in der Weise missverstanden werden, dass ein Ergebnis, dass auf einem höheren Niveau signifikant ist, auch bedeutsamer ist.

Tab. 8.3 Signifikanzniveaus

Signifikanzniveau	Symbol	Bezeichnung
$\alpha = 0.001$	***	„hochsignifikant"
$\alpha = 0.01$	**	„sehr signifikant"
$\alpha = 0.05$	*	„signifikant"
$\alpha = 0.10$	#	„tendenziell signifikant"

und mit einer Wahrscheinlichkeit von 0.95 (95 %) für die Nullhypothese entscheiden. Welches Signifikanzniveau gewählt wird, wird nach inhaltlichen Gesichtspunkten entschieden – je nachdem wie fatal es ist, einen Alpha-Fehler zu begehen. Neben der Wahrscheinlichkeit eines Fehlers 1. Art (α) ist die Wahrscheinlichkeit eines Fehlers 2. Art (β) zu berücksichtigen. Aus ihr ergibt sich wiederum die Teststärke, die formal definiert ist als 1-β. Die Teststärke entspricht also der Wahrscheinlichkeit, sich für H_1 zu entscheiden, unter der Bedingung, dass H_1 gilt.

8.3   Ein Sieben-Punkte-Schema zum Hypothesentesten

Wir wollen nun an Hand unseres Whiskey-Beispiels den Hypothesentest konkret rechnerisch nachvollziehen. Der Ablauf eines Hypothesentests lässt sich in ein Sieben-Punkte-Schema einteilen (Clauß et al.2004, S. 180):

(1) Klärung der Voraussetzungen des Tests
(2) Formulierung der Null- und Alternativhypothese
(3) Festlegung des Signifikanzniveaus α
(4) Angabe der Prüfgröße
(5) Angabe des kritischen Bereichs
(6) Berechnung des konkreten Wertes der Testgröße auf Basis der Daten
(7) Entscheidung über die Annahme oder Ablehnung der Hypothesen und Formulierung des Testergebnisses

In unserem Beispiel verfügen wir über eine Stichprobe mit n=31 zufällig ausgewählten Whiskeyflaschen und haben jeweils die Füllmenge x_i bestimmt. Die 31 Messwerte in ml sind: 690 – 698 – 695 – 699 – 693 – 696 – 700 – 676 – 699 – 695 – 713 – 686 – 696 – 692 – 683 – 695 – 685 – 708 – 689 – 693 – 703 – 697 – 690 – 693 – 699 – 710 – 682 – 683 – 703 – 712 – 700.

Wir berechnen den arithmetischen Mittelwert $\bar{x}$, indem wir die Summe der Messwerte durch die Gruppengröße teilen:

$$\overline{x} = \frac{\sum\limits_{i=1}^{n} x_i}{n} \tag{8.1}$$

Für unsere Stichprobe ergibt sich:

$$\overline{x} = \frac{\sum\limits_{i=1}^{n} x_i}{n} = \frac{21553}{31} = 695.258$$

Wir wollen nun an Hand des Sieben-Punkte-Schemas klären, ob der Mittelwert der Population, aus der unsere Stichprobe stammt, 700 ml beträgt oder nicht.

(1) Es gibt eine Vielzahl statistischer Tests. Welcher Test geeignet ist, entscheiden wir unter anderem nach der Fragestellung. Wir werden erst mit einiger Erfahrung an Hand verschiedener Kriterien zielsicher den richtigen Test auswählen können (s. Kap. 8.6). Damit ein Test zu sinnvoll interpretierbaren Ergebnissen führt, müssen bestimmte Voraussetzungen erfüllt sein. Die Voraussetzungen betreffen unsere Stichprobendaten und die Grundgesamtheit, aus der unsere Stichprobe stammt.

Für unsere Fragestellung eignet sich der einfache t-Test (auch 1-Stichproben t-Test). Er setzt voraus, dass wir eine Zufallsstichprobe gezogen haben, das interessierende Merkmal mindestens intervallskaliert und in der Grundgesamtheit normalverteilt ist.

Die Normalverteilungsannahme kann ebenfalls an Hand eines statistischen Tests überprüft werden (z. B. Clauß et al. 2004). Aus Platzgründen führen wir dies nicht weiter aus und gehen davon aus, dass die Füllmenge in der Grundgesamtheit normalverteilt ist. Die Füllmenge in ml ist mindestens intervallskaliert; wir können die Messwerte aufsteigend ordnen und die Abstände zwischen den Messwerten sind über den gesamten Skalenbereich hinweg gleich. Die Objekte unserer Stichprobe haben wir zufällig aus der Grundgesamtheit gezogen.

(2) Im zweiten Schritt formulieren wir die Null- und Alternativhypothese. Wir können uns theoretisch nicht darauf festlegen, in welche Richtung ein Unterschied zwischen den Mittelwerten besteht:

$$H_0 : \mu = \mu_0$$

$$H_1 : \mu \neq \mu_0$$

μ bezeichnet dabei den unbekannten Populationsmittelwert, den wir mit unserem Stichprobenmittelwert (695 ml) schätzen, und μ_0 entspricht dem hypothetischen Populationsmittelwert (700 ml).

Aus didaktischen Gründen formulieren wir zusätzlich die einseitige Alternativhypothese, dass die Stichprobe aus einer Grundgesamtheit stammt, deren Mittelwert kleiner ist als der hypothetische Mittelwert.

$$H_0 : \mu = \mu_0$$

$$H_1 : \mu < \mu_0$$

(3) Im dritten Schritt müssen wir ein Signifikanzniveau für unseren Test festlegen und entscheiden uns für $\alpha = 0.01$ (1 %).

(4) Die Prüfgröße (auch Testgröße) t ist für den einfachen t-Test wie folgt definiert:

$$t = \frac{\bar{x} - \mu_0}{s} \sqrt{n} \tag{8.2}$$

$\bar{x}$ steht für den Stichprobenmittelwert, μ_0 für den hypothetischen Populationsmittelwert, s für die mit den Stichprobendaten berechnete Standardabweichung (eine Schätzung für die Streuung des Merkmals in der Population) und n für die Stichprobengröße. Es ist nicht unbedingt notwendig, als Anwender die Herleitung der Prüfgröße nachvollziehen zu können. Für den einfachen t-Test wird sie im Verlauf dieses Kapitels aber klarer werden.

Formel 8.2 zeigt zunächst ganz allgemein, dass drei Faktoren zu betragsmäßig großen t-Werten führen: Erstens große Mittelwertdifferenzen, zweitens eine geringe Streuung des untersuchten Merkmals und drittens große Stichproben.

(5) Für die Angabe des kritischen Bereichs beschäftigen wir uns mit der Frage, wie die Realität aussähe, wenn die Nullhypothese zuträfe.

Erster wichtiger Gedanke: Wie in Schritt (1) des Sieben-Punkte-Schemas erwähnt, gehen wir davon aus, dass das Merkmal „Füllmenge in der Population" um den Populationsmittelwert μ normalverteilt ist. Trifft die Nullhypothese zu, ist der Populationsmittelwert μ gleich dem hypothetischen Mittelwert μ_0 (H_0: $\mu = \mu_0$; in unserem Beispiel ist μ_0 gleich 700 ml).

In Abb. 8.1 visualisieren wir die Verteilung des Merkmals Füllmenge in der Population unter der Bedingung der H_0 (für die wahre Standardabweichung σ in der Population nehmen wir einen Wert von 9.2 ml an).

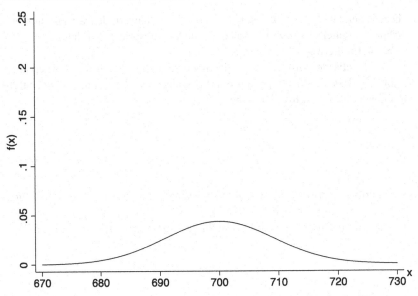

Abb. 8.1 Verteilung der Füllmenge in der Population unter der Bedingung der H_0

Um die Darstellung zu verstehen, müssen wir noch einige Begriffe klären. Zunächst sehen wir hier eine Kurve. Dies ist die Kurve der sogenannten (Wahrscheinlichkeits-) *Dichtefunktion* („probability density function", Abkürzung: pdf, Symbol für eine Dichtefunktion: f(x)) einer Normalverteilung mit dem Mittelwert 700 ml (und der Standardabweichung 9.2 ml). Auf der Abszisse (x-Achse) sehen wir die möglichen Werte der Füllmenge einer Whiskeyflasche in ml. Auf der Ordinate (y-Achse) sehen wir bei einer Dichtefunktion nicht – wie es häufig verwechselt wird – die Wahrscheinlichkeit für eine bestimmte Füllmenge, sondern „nur" den Funktionswert der Dichtefunktion für eine bestimmte Füllmenge.

Die Fläche unter der Kurve einer Dichtefunktion hat den Wert 1. Die Fläche unter der Kurve und innerhalb eines bestimmten Intervalls [a, b] der Abszisse entspricht dem Anteil der x-Werte, die im Intervall [a, b] liegen. Diese Fläche interpretieren wir als die Wahrscheinlichkeit, mit der ein aus der Verteilung zufällig gezogener Wert in dem Intervall [a, b] liegt. Bei einer Normalverteilung befinden sich die meisten Werte der Variable im mittleren Bereich (die Fläche unter der Kurve ist hier relativ groß, s. Abb. 8.1), also nahe beim Mittelwert. Bei zufälliger Ziehung ist es relativ wahrscheinlich, einen Wert aus dem näheren Umfeld des Mittelwerts zu erhalten.

Wir gehen nun in unseren *theoretischen* Überlegungen einen Schritt weiter. Wir ziehen aus derselben Population (s. Abb. 8.1) nicht nur eine, sondern sehr viele

Stichproben desselben Umfangs n = 31. Damit erhalten wir auch sehr viele Stichprobenmittelwerte, die sich auf bestimmte Art und Weise verteilen. Diese (theoretische) Verteilung der Stichprobenmittelwerte nennen wir *Stichprobenverteilung des Mittelwertes*. Wie sieht diese Verteilung aus?

Nach dem sogenannten *zentralen Grenzwertsatz* folgt die Verteilung von Mittelwerten einer großen Zahl von Stichproben des Umfangs n, die alle derselben Grundgesamtheit entnommen sind, einer Normalverteilung. Die Stichprobenverteilung des Mittelwertes ist also *normalverteilt*. Der Mittelwert der Normalverteilung entspricht dem tatsächlichen, wahren Populationsmittelwert μ. Die Standardabweichung der Verteilung $\sigma_{\bar{x}}$ ergibt sich aus der Stichprobengröße n und der wahren Standardabweichung in der Population σ. Sie wird auch *Standardfehler des Mittelwertes* genannt.

$$\sigma_{\bar{x}} = \frac{\sigma}{\sqrt{n}} \tag{8.3}$$

Die Streuung der Stichprobenmittelwerte ist also kleiner als die Streuung der einzelnen Werte in der Population.

Unter der Bedingung der H_0 ist der Populationsmittelwert μ gleich dem hypothetischen Mittelwert μ_0. In Abb. 8.2 ist die Dichtekurve der Stichprobenverteilung

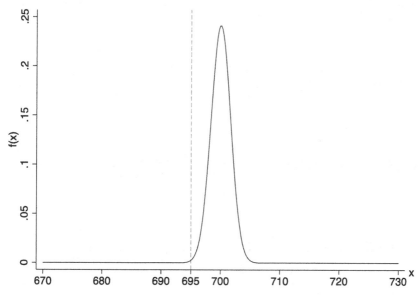

Abb. 8.2 Stichprobenverteilung des Mittelwertes unter der Bedingung der H_0 (gezogener Stichprobenmittelwert angedeutet (---))

des Mittelwertes für unser Beispiel unter der Bedingung der H_0 ($\mu = \mu_0 = 700$ ml) dargestellt. Auf der Abszisse sind Stichprobenmittelwerte abgetragen. Die Fläche unter der Dichtekurve der Stichprobenverteilung und innerhalb eines bestimmten Intervalls [a, b] der Abszisse zeigt an, wie wahrscheinlich es ist, bei zufälliger Ziehung einen Stichprobenmittelwert zu erhalten, der in dem Intervall [a, b] liegt. Es ist also relativ wahrscheinlich, aus der Stichprobenverteilung des Mittelwertes einen Stichprobenmittelwert zu ziehen, der nahe beim Mittelwert der Stichproben-verteilung, das heißt nahe beim Populationsmittelwert, liegt.

Zweiter wichtiger Gedanke: Wenn wir eine Zufallsstichprobe des Umfangs n aus der Population ziehen (s. Abb. 8.1), ziehen wir automatisch einen Stichpro-benmittelwert aus der entsprechenden Stichprobenverteilung des Mittelwertes (s. Abb. 8.2).

Mit Hilfe der z-Transformation kann jede Normalverteilung in die *Standard-normalverteilung* (s. Abb. 8.3) überführt werden. Im Allgemeinen wird eine z-Transformation für eine normalverteilte Variable x mit dem Mittelwert $\bar{x}$ und der Standardabweichung s nach Formel 8.4 durchgeführt:

$$z = \frac{x - \bar{x}}{s} \tag{8.4}$$

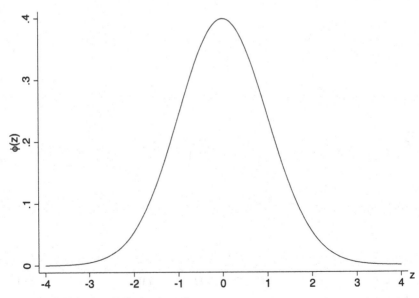

Abb. 8.3 pdf der Standardnormalverteilung

Dabei wird von jedem Messwert der Mittelwert abgezogen und der Wert der jeweiligen Differenz durch die Standardabweichung geteilt.

Äquivalent ist die Überführung der Stichprobenverteilung des Mittelwertes in die Standardnormalverteilung nach Formel 8.5 vorstellbar. Im Allgemeinen verteilen sich Stichprobenmittelwerte um den Populationsmittelwert μ mit der Standardabweichung $\sigma_{\bar{x}}$.

$$z = \frac{\bar{x} - \mu}{\sigma_{\bar{x}}} \tag{8.5}$$

Unter der Bedingung der H_0 ($\mu = \mu_0$) verwenden wir Formel 8.6:

$$z = \frac{\bar{x} - \mu_0}{\sigma_{\bar{x}}} \tag{8.6}$$

Unter der Bedingung der Nullhypothese ist dieser Ausdruck standardnormalverteilt. Entspricht ein Stichprobenmittelwert dem hypothetischen Populationsmittelwert ist sein z-Wert gleich Null.

In Abb. 8.3 ist die Kurve der *Dichtefunktion der Standardnormalverteilung* (Symbol für die Dichtefunktion der Standardnormalverteilung $\phi(z)$) dargestellt.

Die Werte auf der Abszisse interpretieren wir als z-Werte von Stichprobenmittelwerten. Die Fläche unter der Kurve und innerhalb eines Intervalls [a, b] der Abszisse zeigt an, wie wahrscheinlich es ist, dass ein zufällig gezogener z-Wert in dem Intervall [a, b] liegt.

Dritter wichtiger Gedanke: Ziehen wir eine Zufallsstichprobe des Umfangs n aus der Population (s. Abb. 8.1), ziehen wir automatisch einen Stichprobenmittelwert aus der entsprechenden Stichprobenverteilung des Mittelwertes (s. Abb. 8.2) und damit auch einen z-Wert aus der Standardnormalverteilung (s. Abb. 8.3).

Vierter wichtiger Gedanke: Unter der Bedingung der H_0 ($\mu = \mu_0$) ist die Wahrscheinlichkeit groß, mit einer Zufallsstichprobe einen Stichprobenmittelwert zu ziehen, der nahe beim hypothetischen Populationsmittelwert liegt, sprich dessen z-Wert, bestimmt nach Formel 8.6, nahe Null liegt.

Im Umkehrschluss interpretieren wir einen Stichprobenmittelwert, dessen z-Wert nahe Null liegt, als eine Bestätigung für unsere Nullhypothese. Dann gehen wir davon aus, dass der Mittelwert der Population, aus der wir unsere Stichprobe gezogen haben, gleich dem hypothetischen Populationsmittelwert ist ($\mu = \mu_0$). Misstrauisch gegenüber der Nullhypothese werden wir, wenn wir einen Stichprobenmittelwert ziehen, der extrem weit vom hypothetischen Populationsmittelwert abweicht, sprich dessen z-Wert im äußeren Bereich der Standardnormalverteilung liegt. Dann gehen wir davon aus, dass der Mittelwert der Population, aus der wir unsere Stichprobe gezogen haben, ungleich dem hypothetischen Populationsmittelwert ist (H_1: $\mu \neq \mu_0$).

Wichtige Frage: Wo ziehen wir die Grenzen, die den Wertebereich der Abszisse der pdf der Standardnormalverteilung in einen Bereich der H_0 (Annahmebereich –mittlerer Bereich der Verteilung) und in zwei Bereiche der H_1 (kritische Bereiche – Randbereiche der Verteilung) teilen?

Die Grenzen legen wir mit Hilfe unseres Signifikanzniveaus fest. Wir hatten uns in Schritt (3) des Sieben-Punkte-Schemas auf ein Signifikanzniveau von 0.01 (1 %) festgelegt. Das bedeutet, wir tolerieren es unter der Bedingung, dass die Nullhypothese wahr ist, die Nullhypothese mit einer Wahrscheinlichkeit von 0.01 abzulehnen (und damit einen Fehler zu machen). Prinzipiell lehnen wir H_0 ab, wenn der z-Wert unseres Stichprobenmittelwertes in einem der äußeren (unter der Bedingung der H_0 unwahrscheinlichen) Bereiche der Standardnormalverteilung liegt. Das Signifikanzniveau halten wir ein, wenn wir die Grenzen so definieren, dass die kritischen Bereiche die äußeren 1 % der Fläche unter der Dichtekurve der Standardnormalverteilung einnehmen. Fällt der z-Wert unseres Stichprobenmittelwertes in einen dieser Bereiche, lehnen wir H_0 ab und entscheiden uns für H_1. Unter der Bedingung der H_0 geschieht dies mit der geringen Wahrscheinlichkeit von 0.01 (1 %).

Für die Bestimmung der Grenzen müssen wir die Fläche unter der Kurve und innerhalb des uns interessierenden Intervalls der Standardnormalverteilung bzw. die entsprechenden z-Werte ermitteln. Hierfür nutzen wir die sogenannte *Verteilungsfunktion* („cumulative distribution function", Abkürzung: cdf, Symbol für eine Verteilungsfunktion: F(x)) der Standardnormalverteilung (Symbol für die Verteilungsfunktion der Standardnormalverteilung: $\phi(z)$). Sie ist in Abb. 8.4 zu sehen.

Allgemein beschreibt eine cdf die Fläche unter der Kurve der dazugehörigen pdf im Bereich $-\infty$ bis zu einem bestimmten Wert x. Die Fläche interpretieren wir als die Wahrscheinlichkeit, mit der ein zufällig aus der Verteilung gezogener Wert im Bereich $-\infty$ bis x liegt.

Die cdf der Standardnormalverteilung bezieht sich auf den Bereich $-\infty$ bis zu einem bestimmten z-Wert. Für $z = 0$ ist der Funktionswert der cdf der Standardnormalverteilung 0.5 (s. Abb. 8.4). Das heißt 50 % der Fläche liegt im Bereich $-\infty$ bis 0 (s Abb. 8.3). Ziehen wir einen z-Wert zufällig aus der Standardnormalverteilung, dann liegt dieser mit einer Wahrscheinlichkeit von 0.5 im Bereich $-\infty$ bis 0.

Die Funktionswerte der cdf der Standardnormalverteilung sind ausschnittsweise in Form von Tabellen in den Anhängen zahlreicher Statistik-Lehrbücher

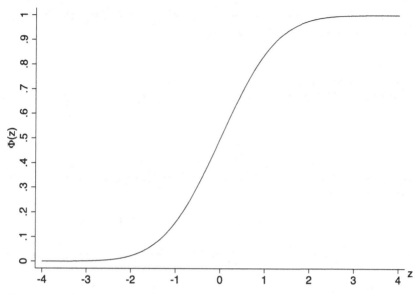

Abb. 8.4 cdf der Standardnormalverteilung

dargestellt (z. B. Bortz und Schuster 2010, S. 587 ff.). Abbildung 8.5 zeigt den Ausschnitt einer Tabelle mit Funktionswerten der cdf. Zum Beispiel bedeutet der Wert 0.6700 (entsprechend einem z-Wert von 0.44: Zeile $z = 0.4$, Spalte 0.04), dass ein zufällig gezogener z-Wert mit einer Wahrscheinlichkeit von 0.67 kleiner oder gleich 0.44 ist. Da die Gesamtfläche unter einer Dichtekurve insgesamt 1 ist, heißt das auch, dass ein zufällig gezogener z-Wert mit der Wahrscheinlichkeit 0.33 (1–0.67) größer ist als 0.44.

z	weite Dezimalstelle von z									
	0.00	0.01	0.02	0.03	0.04	0.05	0.06	0.07	0.08	0.09
0.0	0.5000	0.5040	0.5080	0.5120	0.5160	0.5199	0.5239	0.5279	0.5319	0.5359
0.1	0.5398	0.5438	0.5478	0.5517	0.5557	0.5596	0.5636	0.5675	0.5714	0.5753
0.2	0.5793	0.5832	0.5871	0.5910	0.5948	0.5987	0.6026	0.6064	0.6103	0.6141
0.3	0.6179	0.6217	0.6255	0.6293	0.6331	0.6368	0.6406	0.6443	0.6480	0.6517
0.4	0.6554	0.6591	0.6628	0.6664	0.6700	0.6736	0.6772	0.6808	0.6844	0.6879
0.5	0.6915	0.6950	0.6985	0.7019	0.7054	0.7088	0.7123	0.7157	0.7190	0.7224
0.6	0.7257	0.7291	0.7324	0.7357	0.7389	0.7422	0.7454	0.7486	0.7517	0.7549
0.7	0.7580	0.7611	0.7642	0.7673	0.7704	0.7734	0.7764	0.7794	0.7823	0.7852
0.8	0.7881	0.7910	0.7939	0.7967	0.7995	0.8023	0.8051	0.8078	0.8106	0.8133
0.9	0.8159	0.8186	0.8212	0.8238	0.8264	0.8289	0.8315	0.8340	0.8365	0.8389

Abb. 8.5 Funktionswerte der cdf der Standardnormalverteilung für $z = 0.00$ bis $z = 1.09$

Auf Basis der cdf können wir uns auf beliebige Bereiche konzentrieren. Als Beispiele berechnen wir die Wahrscheinlichkeit, dass z

- größer ist als 0.5.
- kleiner ist als −1.
- zwischen −0.5 und 0.5 liegt.

$$P(z > 0.5) = 1 - P(z \leq 0.5) = 1 - 0.6915 = 0.3085$$

Bei negativen z-Werten nutzen wir die Symmetrieeigenschaft der pdf der Standardnormalverteilung.

$$P(z < -1) = P(z > 1) = 1 - P(z \leq 1) = 1 - 0.8413 = 0.1587$$

$$P(-0.5 \leq z \leq 0.5) = 0.6915 - 0.3085 = 0.383$$

Die kritischen Bereiche für die Prüfgröße unserer Beispieluntersuchung klären wir, indem wir herausfinden, welche z-Werte die äußeren 1 % der Fläche unter der Dichtekurve der Standardnormalverteilung abschneiden. Da wir zweiseitig testen, befindet sich sowohl auf der linken Seite der Dichtekurve als auch auf ihrer rechten Seite ein kritischer Bereich. Somit müssen wir die Werte bestimmen, die jeweils die äußeren 0.5 % der Fläche abschneiden. Diese Flächen haben jeweils den Wert 0.005. Wir suchen also in einer Tabelle der cdf (z. B. bei Bortz und Schuster 2010, S. 587) den z-Wert, dessen Funktionswert der cdf 0.005 bzw. 0.995 beträgt. Dies ist (näherungsweise) für die z-Werte −2.58 bzw. +2.58 der Fall. Ist der z-Wert unseres Stichprobenmittelwertes bestimmt nach Formel 8.6 kleiner oder gleich −2.58 bzw. größer oder gleich +2,58, lehnen wir H_0 ab und entscheiden uns für H_1 (s. Abb. 8.6).

Erhöhen wir das Signifikanzniveau auf 5 %, betragen die kritischen Werte −1.96 bzw. +1.96, da jeweils 2.5 % der Fläche unter der pdf der Standardnormalverteilung außerhalb dieser Werte liegen.

Bisher sind wir von einer ungerichteten, zweiseitigen Alternativhypothese ausgegangen. Das bedeutet, dass wir uns für H_1 entscheiden, wenn es einen ausreichend großen Unterschied zwischen dem Stichprobenmittelwert und dem hypothetischen Populationsmittelwert gibt, unabhängig davon ob der Wert der Differenz negativ oder positiv ist (H_1: $\mu \neq \mu_0$). Wie verändert sich die Situation für die gerichtete, einseitige Alternativhypothese, dass die Stichprobe aus einer Population mit einem kleineren Mittelwert als 700 ml stammt (H_1: $\mu < \mu_0$)?

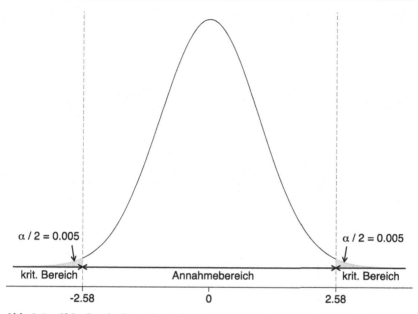

Abb. 8.6 pdf der Standardnormalverteilung – kritische Bereiche bei zweiseitigem Test (vgl. Clauß und Ebner 1992)

Gehen wir zunächst davon aus, dass der Stichprobenmittelwert größer ist als der hypothetische Wert ($\bar{x} - \mu_0 > 0$). In diesem Fall nimmt auch z einen positiven Wert an. Wir können uns die Mühe eines Signifikanztests sparen, da unsere einseitige Alternativhypothese „$H_1 : \mu < \mu_0$" in jedem Fall abgelehnt wird, wenn z positive Werte annimmt. Die Möglichkeit, auf der rechten Seite der pdf einen Alpha-Fehler zu machen, wird von vorneherein ausgeschlossen.

Der kritische Wert, den z mindestens erreichen muss, liegt daher an der linken Seite der pdf (s. Abb. 8.7), weshalb man auch von einem linksseitigen Hypothesentest spricht. Legen wir wieder ein Signifikanzniveau von 1 % zugrunde, bestimmen wir mit einer Tabelle der cdf den z-Wert, der auf der linken Seite der pdf die äußeren 1 % der Fläche (0.01) begrenzt. Dies ist für $z = -2.326$ (≈ -2.33) der Fall. Zum Vergleich: Beim zweiseitigen Testen betrug der kritische Wert für das 1 %-Signifikanzniveau -2.58 bzw. $+2.58$.

Wir wollen nun erfahren, in welchen Bereich der Standardnormalverteilung der unter der Bedingung der H_0 ($\mu = \mu_0$) ermittelte z-Wert unseres Stichprobenmittelwertes fällt. Hierzu nutzen wir Formel 8.6 und setzen Formel 8.3 für den Standardfehler des Mittelwertes ein:

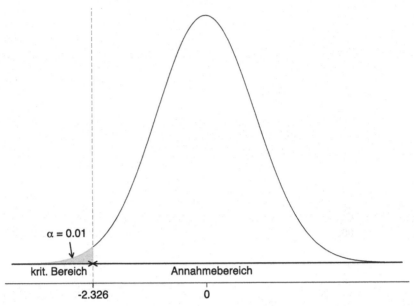

Abb. 8.7 pdf der Standardnormalverteilung – kritischer Bereich bei linksseitigem Test (vgl. Clauß und Ebner 1992)

$$z = \frac{\bar{x} - \mu_0}{\sigma_{\bar{x}}} = \frac{\bar{x} - \mu_0}{\dfrac{\sigma}{\sqrt{n}}} = \frac{\bar{x} - \mu_0}{\sigma} \sqrt{n}$$

Wie zumeist auch in der Praxis, ist der Parameter σ (Standardabweichung in der Population) nicht bekannt. Diesen schätzen wir mit dem Stichprobenkennwert s (Standardabweichung in unserer Stichprobe):

$$\frac{\bar{x} - \mu_0}{s} \sqrt{n} = t$$

Dieser Ausdruck entspricht Formel 8.2 zur Berechnung des t-Wertes beim einfachen t-Test.

Wenn wir also bei unbekannter Populationsvarianz überprüfen wollen, ob ein Populationsmittelwert von einem hypothetischen Populationsmittelwert abweicht, berechnen wir den t-Wert des einfachen t-Tests. Die Prüfgröße t ist aber nicht (wie Prüfgröße z) standardnormalverteilt, sondern t-verteilt. Die genaue Form einer

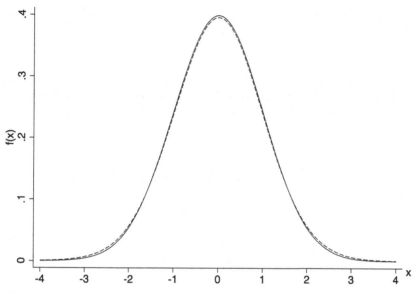

Abb. 8.8 pdf der t-Verteilung für df=30 (---) und pdf der Standardnormalverteilung (—)

t-Verteilung ist abhängig von den sogenannten Freiheitsgraden df (df=n−1). In Abb. 8.8 ist die pdf der t-Verteilung für df=30 und zum Vergleich die pdf der Standardnormalverteilung dargestellt.

Die Dichtekurve der t-Verteilung in Abb. 8.8 zeigt an, wie sich unsere Prüfgröße (für df=30) unter der Annahme der H_0 verteilt; der Mittelwert ist 0. Die kritischen Bereiche unserer Prüfgröße müssten wir nun mit Hilfe der t-Verteilung bestimmen. Auch hierfür finden sich entsprechende Tabellen in Statistik-Lehrbüchern (zu berücksichtigen sind dann α und df). Allerdings geht die t-Verteilung mit steigender Stichprobengröße in die Standardnormalverteilung über. Wir können also beim einfachen t-Test ab einer Stichprobengröße von n>30 für die Bestimmung der kritischen Bereiche unserer Prüfgröße auf die Standardnormalverteilung zurückgreifen.

(6)   Wir berechnen den Wert der Testgröße nach Formel 8.2:

$$t = \frac{\overline{x} - \mu_0}{s} \sqrt{n}$$

Bisher bekannt sind uns der Stichprobenmittelwert ($\overline{x} = 695.258$ ml), der hypothetische Mittelwert ($\mu_0 = 700$ ml) und die Stichprobengröße (n=31). Die Standardabweichung s ergibt sich aus der Varianz, die nach Formel 8.7 bestimmt wird.

$$s^2 = \frac{\sum_{i=1}^{n}(x_i - \bar{x})^2}{n-1} \tag{8.7}$$

Für die Menge der Objekte i = 1,2..., n werden die quadrierten Differenzen zwischen den einzelnen Messwerten und dem arithmetischen Mittelwert aufsummiert und durch n-1 geteilt. Für unsere Stichprobe ergibt sich:

$$s^2 = \frac{\sum_{i=1}^{n}(x_i - \bar{x})^2}{n-1} = \frac{2351.935}{30} = 78.398$$

Die Standardabweichung ist die Wurzel aus der Varianz.

$$s = \sqrt{s^2} \tag{8.8}$$

Für unsere Stichprobe ergibt sich:

$$s = \sqrt{s^2} = \sqrt{78.398} = 8.854$$

Wir setzen ein:

$$t = \frac{695.258 - 700}{8.854}\sqrt{31} = -2.982$$

(7) Da $|t| = 2.982 > 2.58$, lehnen wir H_0 ab und entscheiden uns für H_1. In der Tabelle der cdf der Standardnormalverteilung können wir ablesen, dass ein z-Wert von +2.98 (der Einfachheit halber runden wir den t-Wert hier auf 2 Nachkommastellen) einem Flächenanteil von 99.86 % entspricht. Links von $z = -2.98$ und rechts von $z = +2.98$ liegen zusammen lediglich ca. 0.28 % der Fläche der Verteilung. Demnach beträgt unter der Bedingung der H_0 ($\mu = \mu_0$) die Wahrscheinlichkeit, einen betragsmäßig gleich großen oder größeren t-Wert zu erhalten, nur 0.0028. Statistikprogramme geben zumeist diese Wahrscheinlichkeit, die wir als *empirisches Signifikanzniveau* oder als *p-Wert* bezeichnen, aus. Der p-Wert steht für die Wahrscheinlichkeit unter der Bedingung der H_0, einen Wert für die Prüfgröße zu erhalten, der gleich dem empi-

risch ermittelten Wert der Prüfgröße ist oder der noch weiter in Richtung des Ablehnungsbereichs liegt. Falls $p \leq \alpha$, ist die Nullhypothese abzulehnen.[2]

Die durchschnittliche Füllmenge in unserer Stichprobe (695.258 ml) unterscheidet sich somit signifikant vom hypothetischen Populationsmittelwert (700 ml). Hätten wir vorab die einseitige Alternativhypothese formuliert, würden wir auch diese als bestätigt betrachten.

Für die Berechnungen können wir ein Statistikprogramm verwenden und erhalten dann als Ergebnis unseres Signifikanztests einen p-Wert (s. Kap. 7). Generell:

Wenn wir eine Hypothese testen, berechnen wir eine Prüfgröße (z. B. t-Wert des einfachen t-Tests), die unter der Annahme der H_0 (z. B. H_0: $\mu = \mu_0$) eine bestimmte Verteilung aufweist (z. B. t-Verteilung). Ist der empirische Wert der Prüfgröße unter der Annahme der H_0 unwahrscheinlich, entscheiden wir uns für H_1, ansonsten behalten wir H_0 bei. Ob wir uns tatsächlich richtig oder falsch entschieden haben, erfahren wir mit einem Hypothesentest nicht.

8.4   Ein weiteres Beispiel: t-Test für unabhängige Stichproben

Um etwas Routine beim Hypothesentesten zu gewinnen, wenden wir uns einem weiteren Test zu, dem *t-Test für unabhängige Stichproben*. Es soll nun ein Mittelwertunterschied zwischen zwei unabhängigen Stichproben auf Signifikanz getestet werden. Damit wollen wir erfahren, ob die Parameter μ_1 und μ_2 der beiden Populationen, aus denen die Stichproben stammen, gleich sind oder nicht.

Zunächst ist der Begriff „unabhängige Stichproben" zu klären. Damit ist gemeint, dass die Ziehung der einen Stichprobe unabhängig von der Ziehung der anderen erfolgt. Beispielsweise können zwei Stichproben von jüngeren und älteren Männern unabhängig voneinander gezogen werden. Erfolgt die Ziehung der älteren Männer aber in Abhängigkeit der jüngeren Männer (oder umgekehrt), weil beispielsweise Männer einer bestimmten Geburtskohorte und deren Väter befragt werden sollen, handelt es sich um zwei abhängige Stichproben.

Wir wollen die Unterschiedshypothese aus Kap. 3.3.5 testen:

---

[2] Wer die Daten in ein Statistikprogramm (z. B. SPSS) eingibt und einen einfachen t-Test rechnet, wird einen höheren p-Wert (0.006) erhalten. Der Grund dafür ist, dass Statistikprogramme anstelle der Standardnormalverteilung die t-Verteilung mit $n-1$ Freiheitsgraden verwenden.

> Die interpersonale Attraktion von alkoholisierten Studierenden der BRD ist höher als die interpersonale Attraktion von nüchternen Studierenden der BRD.

Im Folgenden verstehen wir der Einfachheit halber unter der interpersonalen Attraktion nur ihre affektive Komponente (s. Kap. 3.2) und gehen davon aus, dass diese eindimensional ist (s. Kap. 3, Fußnote 3). Wir ziehen eine Zufallsstichprobe von 46 in der BRD studierenden Personen. In einem Experiment teilen wir sie zufällig auf zwei Gruppen auf: 1) Studierende, die im Rahmen des Versuchs ein alkoholhaltiges Getränk zu sich nehmen, und 2) Studierende, die ebenfalls ein Getränk zu sich nehmen, das jedoch keinen Alkohol enthält.[3] Im Anschluss sehen die Studierenden ein Video, in dem eine Person einen Text vorträgt. Die Person stellt für die Studierenden einen potenziellen Partner bei einer wichtigen Gruppenarbeit dar. Schließlich erfragen wir die emotionalen Reaktionen der Studierenden auf die vortragende Person. Die Antworten auf 6-fach abgestuften Antwortskalen dienen als Indikatoren für die affektive Komponente der interpersonalen Attraktion. Wir berechnen für jede Versuchsperson den Wert für ihre interpersonale Attraktion, indem wir ihre Antworten mitteln.[4] Dann berechnen wir sowohl für die Gruppe der nüchternen als auch für die Gruppe der alkoholisierten Studierenden den Gruppenmittelwert der interpersonalen Attraktion und die dazugehörige Standardabweichung. Es ergeben sich die in Tab. 8.4 dargestellten Gruppenmittelwerte und Standardabweichungen:

In der Stichprobe ist die interpersonale Attraktion alkoholisierter Studierender im Durchschnitt höher ($M=3.86$) als bei nüchternen Studierenden ($M=3.09$). Ob dieser Mittelwertunterschied signifikant ist, wollen wir wieder an Hand des Sieben-Punkte-Schemas statistisch testen.[5]

Tab. 8.4 Deskriptivstatistiken der interpersonalen Attraktion in den Gruppen

	M	SD
Alkoholisierte Gruppe	3.86	1.00
Nüchterne Gruppe	3.09	1.11

---

[3] Hingewiesen sei auf mögliche ethische Probleme; z. B. sollten die Versuchspersonen wissen, dass sie u. U. Alkohol konsumieren.

[4] Zur Indexbildung und -messung s. Kromrey (2009, Kap. 4.2 und Kap. 5.5).

[5] Es wird davon ausgegangen, dass sich die Gruppen hinsichtlich der abhängigen Variable vor der Einnahme des Getränks nicht unterscheiden.

(1) Wir vergleichen zwei unabhängige Stichproben (alkoholisierte Studierende mit nüchternen Studierenden) hinsichtlich eines Merkmals (interpersonale Attraktion), das intervallskaliert ist und für das wir in beiden Populationen eine Normalverteilung annehmen. Für diese Testsituation stehen zwei Tests zur Verfügung: Der *t-Test für unabhängige Stichproben* und der *Welch-Test*. Der t-Test für unabhängige Stichproben wird verwendet, wenn sich die Varianzen in den beiden Gruppen nicht überzufällig voneinander unterscheiden. Andernfalls ist der Welch-Test angemessen (Clauß et al. 2004).

Wir müssen daher zunächst überprüfen, ob sich die Varianz der interpersonalen Attraktion zwischen beiden Gruppen signifikant unterscheidet. Anhand der Standardabweichungen wird deutlich, dass die Streuung in der Gruppe mit Alkoholkonsum (SD=1.00) etwas kleiner ist als in der Vergleichsgruppe (SD=1.11). Ob dieser Unterschied überzufällig ist, können wir mit dem *F-Test von Fisher* testen. Die Testprozedur wird hier, ebenfalls anhand des Sieben-Punkte-Schemas, kurz dargestellt:

(1) Unterschiedstest bezüglich der Varianzen bei zwei unabhängigen Stichproben mit metrischen Daten und Normalverteilung in beiden Populationen. Die Stichprobengröße beträgt in beiden Gruppen 23 Personen ($n_1=23$, $n_2=23$).

(2) Beim F-Test von Fisher wird (im Rahmen von Varianzanalysen) konventionellerweise einseitig getestet und vereinbart, dass s_2^2 die größere der beiden Varianzen ist. Wenn $s_2^2>s_1^2$, benennen wir für den F-Test die Stichproben um. Die Null- und Alternativhypothese lauten entsprechend:

H_0: $\sigma_1^2=\sigma_2^2$ (σ^2 steht dabei für die Populationsvarianz)
H_1: $\sigma_1^2>\sigma_2^2$

(3) Signifikanzniveau: $\alpha=0.01$

(4) Prüfgröße:

$$F = \frac{s_1^2}{s_2^2} \tag{8.9}$$

(5) Der kritische Bereich wird begrenzt von $F_{\alpha;df1;df2}$, wobei α für das Signifikanzniveau steht und df_1 bzw. df_2 für die Freiheitsgrade, die wie folgt berechnet werden: $df_1=n_1-1$ und $df_2=n_2-1$. Schauen wir in einer Tabelle der cdf von F-Verteilungen nach, erhalten wir für $\alpha=0.01$ und je 22 Nenner- und Zählerfreiheitsgrade einen kritischen Wert von 2.78.

(6) Berechnung der Prüfgröße: $F = \dfrac{s_1^2}{s_2^2} = \dfrac{1.11^2}{1^2} = 1.232$

(7) Testentscheidung: Da 1.232<2.78, behalten wir die Nullhypothese homogener Varianzen bei.

Da sich die Gruppenstreuungen nicht signifikant voneinander unterscheiden, verwenden wir den t-Wert des t-Tests für unabhängige Stichproben.

(2) Wir gehen davon aus, dass die interpersonale Attraktion alkoholisierter Studierender höher ist als die interpersonale Attraktion nüchterner Studierender. Die Null- und Alternativhypothese lauten entsprechend:

H_0: $\mu_1 = \mu_2$

H_1: $\mu_1 > \mu_2$

μ_1 steht dabei für den Populationsmittelwert der interpersonalen Attraktion von alkoholisierten Studierenden der BRD und μ_2 für den Populationsmittelwert der interpersonalen Attraktion von nüchternen Studierenden der BRD.

(3) Wir entscheiden uns für ein Signifikanzniveau von 1 %: $\alpha = 0.01$.

(4) Die Formel zur Berechnung der Prüfgröße t beim t-Test für unabhängige Stichproben lautet:

$$t = \frac{\bar{x}_1 - \bar{x}_2}{s} \sqrt{\frac{n_1 n_2}{n_1 + n_2}} \tag{8.10}$$

Mit

$$s = \sqrt{\frac{(n_1 - 1)s_1^2 + (n_2 - 1)s_2^2}{n_1 + n_2 - 2}} \tag{8.11}$$

$\bar{x}_1$ und $\bar{x}_2$ stehen für die beiden Stichprobenmittelwerte, n_1 und n_2 stehen für die Gruppengrößen und $s_1{}^2$ sowie $s_2{}^2$ für die Stichprobenvarianzen.

(5) Da die Gesamtstichprobengröße N größer als 30 ist ($N = n_1 + n_2 = 46$; $df = n_1 + n_2 - 2 = 44$), können wir den kritischen Wert erneut der cdf der Standardnormalverteilung entnehmen. Für ein Signifikanzniveau von $\alpha = 0.01$ beträgt der kritische Wert für die einseitige Alternativhypothese 2.326 (≈ 2.33).

(6) Für die Berechnung des konkreten Wertes der Testgröße setzen wir in Formel 8.11 und Formel 8.10 ein:

$$s = \sqrt{\frac{(23-1)1^2 + (23-1)1.11^2}{23 + 23 - 2}} = 1.056$$

$$t = \frac{3.86 - 3.09}{1.056} \sqrt{\frac{23 \cdot 23}{23 + 23}} = 2.473$$

(7) Da $2.473 > 2.326$, lehnen wir die Nullhypothese ab und nehmen die einseitige Alternativhypothese, nach der die interpersonale Attraktion von alkoholisierten Studierenden höher ist als die interpersonale Attraktion von nüchternen Studierenden, an. Das bedeutet, alkoholisierte Studierende der BRD empfinden im Durchschnitt gegenüber anderen Individuen positivere Gefühle als nüchterne Studierende der BRD.

8.5   Effektgrößen (am Beispiel von Cohens d)

Inferenzstatistische Tests, wie die dargestellten t-Tests, lassen eine wichtige Frage unbeantwortet: Wie groß ist ein „Effekt", zum Beispiel die Differenz zweier Mittelwerte? Das Ergebnis von Signifikanztests hängt stark von der Stichprobengröße ab. In sehr großen Stichproben werden selbst sehr kleine Effekte signifikant und in sehr kleinen Stichproben können selbst sehr starke Effekte insignifikant sein.

Aufgrund dieses Nachteils von Signifikanztests werden ergänzend Maßzahlen benötigt, die angeben, wie groß ein Effekt ist, und zwar unabhängig von der jeweiligen Stichprobe und vom jeweiligen Themenbereich. Das Prinzip dieser Maßzahlen besteht darin, die in Stichproben gefundenen Effekte zu standardisieren, das heißt durch ihre Streuung zu teilen. Allgemein lässt sich folgende Definition festlegen (Schäfer 2011, S. 75): „Effektgrößen sind standardisierte Effekte, die die Stichprobengröße berücksichtigen. Sie sind über Stichproben und Themenbereiche hinweg vergleichbar".

Es existiert eine Vielzahl von Koeffizienten, um die Größe eines Effektes bei der jeweiligen Fragestellung zu beurteilen (z. B. die Pearson-Korrelation r oder η^2).

In unserem Beispiel in Kap. 8.4 wird der Mittelwertunterschied von zwei unabhängigen Stichproben getestet, wobei beide Gruppen gleich groß sind und auch kein signifikanter Unterschied bei den Gruppenvarianzen besteht. Unter diesen Voraussetzungen können wir zur Beurteilung der Größe des Effektes auf die folgende Variante des Abstandsmaßes d (nach dem Erfinder auch Cohens d genannt) zurückgreifen:

$$d = \frac{\bar{x}_1 - \bar{x}_2}{\sqrt{\dfrac{s_1^2 + s_2^2}{2}}} \tag{8.12}$$

Der Mittelwertunterschied wird also an der Streuung der beiden Messungen und damit indirekt auch an der Stichprobengröße relativiert. Zwei Faktoren tragen zu großen Effekten bei: eine große Mittelwertdifferenz und kleine Streuungen. Durch die Standardisierung drückt Cohens d die Mittelwertdifferenz in Standardabweichungseinheiten aus. Ein d von 1 entspricht also einer Standardabweichung.

Für unser Beispiel (interpersonale Attraktion von Studierenden mit und ohne Alkoholkonsum) ergibt sich:

$$d = \frac{3.86 - 3.09}{\sqrt{\dfrac{1^2 + 1.11^2}{2}}} = 0.729$$

Nach Cohen (1988) spricht man ab $|d| = 0.2$ von einem kleinen, ab $|d| = 0.5$ von einem mittleren und ab $|d| = 0.8$ von einem großen Effekt. Im Beispiel handelt es sich um einen mittleren Effekt.

8.6   Hypothesentests: Ein Überblick

Im Prinzip wird ein Hypothesentest immer gemäß dem Sieben-Punkte-Schema durchgeführt. Es existiert aber eine Vielzahl von statistischen Tests (und eine Vielzahl von Effektgrößen). Im Rahmen dieser Einführung ist es nicht möglich, alle Varianten vorzustellen.

Die Herausforderung ist die Auswahl des passenden Tests in Abhängigkeit der jeweiligen Gegebenheiten. Um die Auswahl zu erleichtern, seien an dieser Stelle einige Kriterien genannt, anhand derer sich die Vielzahl von statistischen Tests klassifizieren lässt (vgl. Clauß et al. 2004, S. 181 ff.):

- Grundfragestellung: Wird eine empirische Verteilung (Stichprobe) mit einer theoretischen Verteilung (Population) verglichen, handelt es sich um einen *Anpassungstest*. Ein Beispiel ist der in Kap. 8.3 vorgestellte einfache t-Test. Lautet die Fragestellung dagegen, ob zwei oder mehr Stichproben aus der gleichen Grundgesamtheit stammen bzw. ob sich die Grundgesamtheiten, aus denen die Stichproben stammen, unterscheiden, handelt es sich um einen *Unterschiedstest*. Dazu zählt zum Beispiel der in Abschn. 8.4 vorgestellte t-Test für unabhängige Stichproben. Bei Unterschiedstests können wir ferner drei Teilaspekte unterscheiden: Vergleichen wir Maße der zentralen Tendenz (z. B. Mittelwerte), handelt es sich um *Lokalisationstests*. Wenn wir Unterschiede zwischen den

Streuungen von Populationen untersuchen, verwenden wir *Dispersionstests* (z. B. F-Test nach Fisher, s. Kap. 8.4). Falls wir sowohl Unterschiede in der zentralen Tendenz als auch in den Streuungen untersuchen wollen, verwenden wir *Omnibustests*.

• Art der Stichprobenerhebung: Bei unabhängigen Stichproben werden Daten von zwei Stichproben, die nach dem Zufallsprinzip unabhängig voneinander ausgewählt werden, erhoben. Bei abhängigen Stichproben besteht dagegen eine übergeordnete Abhängigkeit der Untersuchungsergebnisse, da etwa dieselbe Person zu einem Aspekt mehrfach befragt wurde (Längsschnittstudie), dieselbe Person zu mehreren Teilaspekten befragt wurde oder Daten von Paaren (z. B. Freunde oder Ehepartner) erhoben wurden.

• Art der Daten: Statistische Tests liegen – bildlich gesehen – in verschiedenen „Schubladen" und jede „Schublade" entspricht einem Messniveau. Mindestens ist hier, mit steigendem Informationsgehalt, zwischen nominalen Daten (z. B. Familienstand, Konfession, Geburtsland), ordinalen Daten (z. B. subjektive Schichteinstufung in Unter-, Mittel- und Oberschicht) und metrischen Daten (z. B. Alter in Jahren, Einkommen in EUR) zu unterscheiden. Für jedes Messniveau gibt es spezifische Tests.

• Anzahl der Stichproben: Wenn nur eine Stichprobe vorliegt, handelt es sich um einen *Anpassungstest*, und bei zwei Stichproben führen wir einen *Unterschiedstest* oder eine *Korrelationsanalyse* durch. Bei mehr als zwei Stichproben handelt es sich um einen *multiplen Test*. Nicht durchgängig in diese Einteilung einzuordnen sind ferner die sogenannten *multivariaten Verfahren*, zum Beispiel die Regressionsanalyse.

• Verteilungsannahme: Hier werden die verteilungsabhängigen (*parametrischen*) von den verteilungsunabhängigen (*nichtparametrischen*) Tests differenziert. Bei parametrischen Tests wird beispielsweise häufig von normalverteilten Variablen ausgegangen, wie dies etwa auf den einfachen t-Test und den t-Test für unabhängige Stichproben zutrifft. Nichtparametrische Tests setzen dagegen keine bestimmten Verteilungsannahmen voraus, sind jedoch weniger genau als parametrische Tests.

Sehr gut verständlich geschriebene Einführungen in die Inferenzstatistik stammen von Schäfer (2011), Janczyk und Pfister (2013), Bühner und Ziegler (2009) sowie von Kühnel und Krebs (2014).

Etwas anspruchsvoller und mathematischer sind die Studienskripte von Mohr (1990) und Sahner (2008). Ebenfalls etwas anspruchsvoller, aber sehr kompakt in der Darstellung sind die Anhänge B und C in Wooldridge (2013).

Umfangreiche Übersichten über statistische Tests (insbesondere zu Anpassungs- und Unterschiedstests) enthalten Clauß et al. (2004) sowie Sachs (2003). In Bortz und Schuster (2010) finden sich sowohl eine Einführung in die Inferenzstatistik als auch ein Überblick über multivariate Methoden. Das Buch von Backhaus, Erichson, Plinke und Weiber (2011) stellt eine anwendungsorientierte Einführung in multivariate Analysemethoden mit SPSS dar.

Mit Hilfe der Ergebnisse unserer Hypothesentests können wir unsere Forschungs-frage (s. Kap. 2) differenziert beantworten. In unserem Beispiel mit fiktiven Daten könnte unsere Antwort lauten:

> Alkoholisierte Studierende der BRD weisen im Durchschnitt eine höhere interpersonale Attraktion auf als nüchterne Studierende der BRD. Sie berich-ten von einer positiveren emotionalen Reaktion auf andere Individuen. Bei dem Unterschied handelt es sich um einen mittleren Effekt.

© Springer Fachmedien Wiesbaden 2015
F. G. Hartmann, D. Lois, *Hypothesen Testen,* essentials,
DOI 10.1007/978-3-658-10461-0_9

Report

10

Die Ergebnisse unserer hypothesenprüfenden Untersuchung publizieren wir. Insbesondere anderen Wissenschaftlern geben wir so die Möglichkeit, unsere Studie zu replizieren. Darüber hinaus können sie Kritik äußern, ihre Untersuchungen auf unseren Ergebnissen aufbauen und versuchen Fragen, die wir offen gelassen haben, zu beantworten.

Generell sollten Sie die Richtlinien zu Form und Inhalt Ihres Reports mit Ihrem Dozenten absprechen. Kruse (2007) bietet eine relativ allgemeine Hilfestellung für das Verfassen wissenschaftlicher Texte an. Wir wünschen Ihnen viel Erfolg!

© Springer Fachmedien Wiesbaden 2015
F. G. Hartmann, D. Lois, *Hypothesen Testen,* essentials,
DOI 10.1007/978-3-658-10461-0_10

Was Sie aus diesem Essential mitnehmen können

- Eine ordentliche Literaturrecherche und theoretische Denkarbeit sind wichtige Voraussetzungen für die Ableitung einer Hypothese.
- Die Formulierung einer Hypothese kann nach einem festen Schema vollzogen werden.
- Eine Hypothese muss falsifizierbar, empirisch überprüfbar und logisch widerspruchsfrei sein. In Abhängigkeit des Forschungsstandes sollte sie so viel Information wie möglich beinhalten.
- Der Hypothesentest folgt einem Sieben-Punkte-Schema.
- Bei der Überprüfung einer Hypothese sollte nicht nur die Signifikanz, sondern auch die Effektstärke berücksichtigt werden – vor allem bei sehr kleinen und sehr großen Stichproben.

© Springer Fachmedien Wiesbaden 2015
F. G. Hartmann, D. Lois, *Hypothesen Testen,* essentials,
DOI 10.1007/978-3-658-10461-0

Literatur

Akremi, L., Baur, N., & Fromm, S. (2011). *Datenanalyse mit SPSS für Fortgeschrittene 1: Datenaufbereitung und uni- und bivariate Statistik*. Wiesbaden: VS Verlag für Sozialwissenschaften.

Alexandrowicz, R. W. (2013). *R in 10 Schritten*. Wien: facultas wuv.

Atteslander, P. (2010). *Methoden der empirischen Sozialforschung*. Berlin: Erich Schmidt.

Backhaus, K., Erichson, B., Plinke, W., & Weiber, R. (2011). *Multivariate Analysemethoden. Eine anwendungsorientierte Einführung*. Berlin: Springer.

Bierhoff, H.-W., & Frey, D. (2011). *Sozialpsychologie. Individuum und soziale Welt*. Göttingen: Hogrefe.

Bortz, J., & Schuster, C. (2010). *Statistik für Human- und Sozialwissenschaftler*. Berlin: Springer.

Bühner, M. (2011). *Einführung in die Test- und Fragebogenkonstruktion*. München: Pearson.

Bühner, M., & Ziegler, M. (2009). *Statistik für Psychologen und Sozialwissenschaftler*. München: Pearson Studium.

Clauß, G., & Ebner, H. (1992). *Statistik. Für Soziologen, Pädagogen, Psychologen und Mediziner. Grundlagen*. Frankfurt a. M.: Harri Deutsch.

Clauß, G., Finze, F.-R., & Partzsch, L. (2004). *Statistik. Für Soziologen, Pädagogen, Psychologen und Mediziner. Grundlagen*. Frankfurt a. M.: Harri Deutsch.

Cohen, J. (1988). *Statistical power analysis for the behavioral sciences*. Hillsdale: Lawrence Erlbaum Associates.

Diekmann, A. (2012). *Empirische Sozialforschung. Grundlagen, Methoden, Anwendungen*. Reinbek bei Hamburg: Rowohlt.

Fahrmeir, L., Künstler, R., Pigeot, I., & Tutz, G. (2010). *Statistik. Der Weg zur Datenanalyse*. Berlin: Springer.

Frey, D., & Irle, M. (2002). *Theorien der Sozialpsychologie. Bd II. Gruppen-, Interaktions- und Lerntheorien*. Bern: Hans Huber.

Fromm, S. (2012). *Datenanalyse mit SPSS für Fortgeschrittene 2: Multivariate Verfahren für Querschnittsdaten*. Wiesbaden: VS Verlag für Sozialwissenschaften.

Hassebrauck, M., & Küpper, B. (2002). Theorien interpersonaler Attraktion. In D. Frey & M. Irle (Hrsg.), *Theorien der Sozialpsychologie. Bd II. Gruppen-, Interaktions- und Lerntheorien* (S. 156–177). Bern: Hans Huber.

© Springer Fachmedien Wiesbaden 2015
F. G. Hartmann, D. Lois, *Hypothesen Testen*, essentials,
DOI 10.1007/978-3-658-10461-0

Janczyk, M., & Pfister, R. (2013). *Inferenzstatistik verstehen. Von A wie Signifikanztest bis Z wie Konfidenzintervall.* Wiesbaden: Springer Spektrum.

Kohler, U., & Kreuter, F. (2012). *Datenanalyse mit Stata. Allgemeine Konzepte der Datenanalyse und ihre praktische Anwendung.* München: Oldenbourg.

Kromrey, H. (2009). *Empirische Sozialforschung.* Stuttgart: Lucius & Lucius.

Kruse, O. (2007). *Keine Angst vor dem leeren Blatt. Ohne Schreibblockaden durchs Studium.* Frankfurt a. M.: Campus-Verlag.

Kühnel, S.-M., & Krebs, D. (2014). *Statistik für die Sozialwissenschaften. Grundlagen. Methoden. Anwendungen.* Reinbek bei Hamburg: Rowohlt.

Mohr, L. B. (1990). *Understanding significance testing. Quantitative applications in the social sciences* (vol. 73). Thousand Oaks: Sage.

Montoya, R. M., & Horton, R. S. (2004). On the importance of cognitive evaluation as a determinant of interpersonal attraction. *Journal of Personality and Social Psychology, 86,* 696–712.

Montoya, R. M., & Horton, R. S. (2014). A two-dimensional model for the study of interpersonal attraction. *Personality and Social Psychology Review, 18,* 59–86.

Opp, K.-D. (1976). *Methodologie der Sozialwissenschaften. Einführung in Probleme ihrer Theorienbildung.* Reinbek bei Hamburg: Rowohlt.

Opp, K.-D. (1999). Wissenschaftstheoretische Grundlagen der empirischen Sozialforschung. In E. Roth & H. Holling (Hrsg.), *Sozialwissenschaftliche Methoden. Lehr- und Handbuch für Forschung und Praxis* (S. 49–73). München: Oldenbourg.

Opp, K.-D. (2014). *Methodologie der Sozialwissenschaften. Einführung in Probleme ihrer Theorienbildung und praktischen Anwendung.* Wiesbaden: Springer VS.

Popper, K. R. (2005). *Logik der Forschung.* Tübingen: Mohr Siebeck. (Erstauflage erschienen 1935).

Prim, R., & Tilmann, H. (2000). *Grundlagen einer kritisch-rationalen Sozialwissenschaft. Studienbuch zur Wissenschaftstheorie Karl. R. Poppers.* Wiebelsheim: Quelle & Meyer.

Rüger, B. (1991). *Induktive Statistik. Einführung für Wirtschafts- und Sozialwissenschaftler.* München: Oldenburg.

Sachs, L. (2003): *Angewandte Statistik.* Berlin: Springer.

Sahner, H. (2008). *Schließende Statistik. Eine Einführung für Sozialwissenschaftler.* Wiesbaden: VS Verlag für Sozialwissenschaften.

Schäfer, T. (2011). *Statistik II. Inferenzstatistik.* Wiesbaden: VS Verlag für Sozialwissenschaften.

Schnell, R., Hill, P. B., & Esser, E. (2013). *Methoden der empirischen Sozialforschung.* München: Oldenbourg.

Steele, C. M., & Josephs, R. A. (1990). Alcohol myopia: Its prized and dangerous effects. *American Psychologist, 45,* 921–933.

Wooldridge, J. M. (2013). *Introductory econometrics. A modern approach.* Mason: South-Western.

Zöfel, P. (2005). *SPSS-Syntax. Die ideale Ergänzung für effiziente Datenanalyse.* München: Pearson Studium.

Printed in the United States
By Bookmasters